U0220962

保持热爱

Keep
the passion
alive.

華東理工大學出版社
EAST CHINA UNIVERSITY OF SCIENCE AND TECHNOLOGY PRESS

从简单的搭配到复杂的概率

【韩】郑玩相◎著 【韩】金愍◎绘 章科佳 张玉凤◎译

華東理工大學出版社
EAST CHINA UNIVERSITY OF SCIENCE AND TECHNOLOGY PRESS
·上海·

图书在版编目（CIP）数据

数学不烦恼. 从简单的搭配到复杂的概率 /（韩）郑玩相著;（韩）金愍绘; 章科佳, 张玉凤译. —上海: 华东理工大学出版社, 2024.5

ISBN 978-7-5628-7366-2

Ⅰ. ①数… Ⅱ. ①郑… ②金… ③章… ④张… Ⅲ. ①数学 – 青少年读物 Ⅳ. ①O1-49

中国国家版本馆CIP数据核字（2024）第078570号

著作权合同登记号: 图字09-2024-0149

策划编辑 / 曾文丽
责任编辑 / 张润梓
责任校对 / 金美玉
装帧设计 / 居慧娜
出版发行 / 华东理工大学出版社有限公司
地址: 上海市梅陇路 130 号, 200237
电话: 021－64250306
网址: www.ecustpress.cn
邮箱: zongbianban@ecustpress.cn
印　　刷 / 上海邦达彩色包装印务有限公司
开　　本 / 890 mm × 1240 mm　1 / 32
印　　张 / 4.375
字　　数 / 78 千字
版　　次 / 2024 年 5 月第 1 版
印　　次 / 2024 年 5 月第 1 次
定　　价 / 35.00 元

理解数学的思维和体系，
发现数学的美好与有趣！

《数学不烦恼》系列丛书的内容构成

数学漫画——走进数学的奇幻漫画世界

漫画最大限度地展现了作者对数学的独到见解。

学起来很吃力的数学，原来还可以这么有趣！

知识点梳理——打通中小学数学教材之间的“任督二脉”

中小学数学的教材内容是相互衔接的，本书对相关的衔接内容进行了单独呈现。

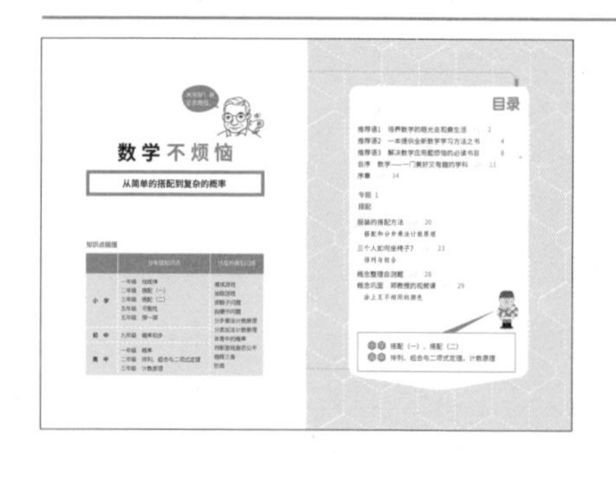

数学不烦恼

从简单的搭配到复杂的概率

目录

序章 14

专题 1

搭配

服装的搭配方法 20

三个人如何坐椅子？ 23

概念整理自测题 28

概念整理自测题——测验对概念的理解程度

解答自测题，可以确认自己对书中内容的理解程度，书末的附录中还有详细的答案。

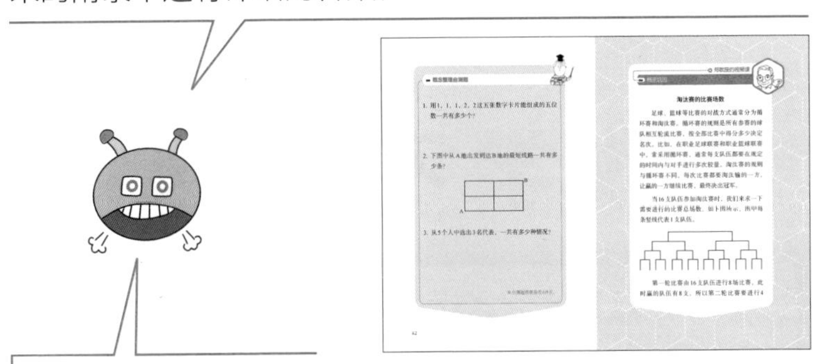

1. 用1、1、1、2、2这五张数字卡片能组成的五位数一共有多少个？

2. 下图中从A地出发到达B地的最短线路一共有多少条？

3. 从5个人中选出3名代表，一共有多少种情况？

42

淘汰赛的比赛场数

足球、篮球等比赛的对战方式通常分为循环赛和淘汰赛。循环赛的规则是所有参赛的球队相互轮流比赛，按全部比赛中得分多少决定名次。比如，在职业足球联赛和职业篮球联赛中，常采用循环赛，通常每支队伍都要在规定的时间内与对手进行多次较量。淘汰赛的规则与循环赛不同，每次比赛都要淘汰输的一方，让赢的一方继续比赛，最终决出冠军。

当16支队伍参加淘汰赛时，我们来求一下需要进行的比赛总场数。如下图所示，图中每条竖线代表1支队伍。

第一轮比赛由16支队伍进行8场比赛，此时赢的队伍有8支，所以第二轮比赛要进行4

郑教授的视频课——近距离感受作者的线上授课

扫一扫二维码，就能立即观看作者的线上授课视频。从有趣的数学漫画到易懂的插图和正文，从概念整理自测题再到在线视频，整个阅读体验充满了乐趣。

术语解释——网罗书中的术语

本书的“术语解释”部分运用通俗易懂的语言对一些重要的术语进行了整理和解释，以帮助读者更好地理解它们，达到和中小学数学教材内容融会贯通的效果。当需要总结相关概念的时候，或是在阅读本书的过程中想要回顾相关表述时，读者都可以在这一部分找到解答。

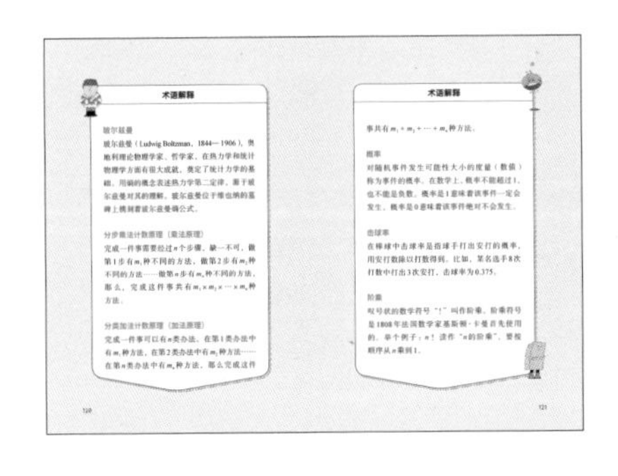

术语解释

玻尔兹曼

玻尔兹曼（Ludwig Boltzman，1844—1906），奥地利理论物理学家、哲学家，在热力学和统计物理学方面有很大成就，奠定了统计力学的基础，用熵的概念表述热力学第二定律。鉴于玻尔兹曼对其的理解，玻尔兹曼位于维也纳的墓碑上镌刻着玻尔兹曼熵公式。

分步乘法计数原理（乘法原理）

完成一件事需要经过n个步骤，缺一不可，做第1步有m_1种不同的方法，做第2步有m_2种不同的方法……做第n步有m_n种不同的方法，那么，完成这件事共有$m_1 \times m_2 \times \cdots \times m_n$种方法。

分类加法计数原理（加法原理）

完成一件事可以有n类办法，在第1类办法中有m_1种方法，在第2类办法中有m_2种方法……在第n类办法中有m_n种方法，那么完成这件

120

术语解释

事共有$m_1 + m_2 + \cdots + m_n$种方法。

概率

对随机事件发生可能性大小的度量（数值）称为事件的概率。在数学上，概率不能超过1，也不能是负数。概率是1意味着该事件一定会发生，概率是0意味着该事件绝对不会发生。

击球率

在棒球中击球率是指球手打出安打的概率，用安打数除以打数得到。比如，某名选手8次打数中打出3次安打，击球率为0.375。

阶乘

叹号状的数学符号“!”叫作阶乘。阶乘符号是1808年法国数学家基斯顿·卡曼首先使用的。举个例子：$n!$ 读作“n的阶乘”，要按顺序从n乘到1。

121

大家好！我是郑教授。

嘿！

数学不烦恼

从简单的搭配到复杂的概率

知识点梳理

	分年级知识点	涉及的典型问题
小　学	一年级　找规律 二年级　搭配（一） 三年级　搭配（二） 五年级　可能性 五年级　掷一掷	摸球游戏 抽取游戏 掷骰子问题 抛硬币问题 分步乘法计数原理 分类加法计数原理 体育中的概率 判断游戏是否公平 杨辉三角 阶乘
初　中	九年级　概率初步	
高　中	一年级　概率 二年级　排列、组合与二项式定理 三年级　计数原理	

目录

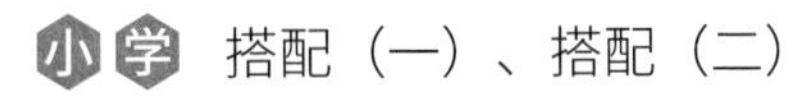
小学　搭配（一）、搭配（二）

高中　排列、组合与二项式定理，计数原理

找规律、搭配（一）、搭配（二）

排列、组合与二项式定理，计数原理

专题 3

重复抽取

小学 找规律、搭配（一）、搭配（二）

高中 排列、组合与二项式定理，计数原理

专题 4

概率

可能性、掷一掷

概率初步

概率

专题 5

概率与熵

 可能性、掷一掷

 概率初步

 概率

专题 6

棒球和概率

可能性、掷一掷

概率初步

概率

专题 总结

附录

|推荐语1|

培养数学的眼光去观察生活

世界是由什么组成的呢？很多古代哲学家都对这一问题非常感兴趣，他们也分别提出了各自的主张。泰勒斯认为，世间的一切皆源自水；而亚里士多德则认为世界是由土、气、水、火构成的。可能在我们现代人看来，他们的这些观点非常荒谬。然而，先贤们的这些想法对于推动科学的发展意义重大。尽管观点并不准确，但我们也应当对他们这种努力解释世界本质的探究精神给予高度评价。

我希望孩子们能够抱着古代哲学家的这种心态去看待数学。如果用数学的眼光去观察、研究日常生活中遇到的各种现象，那么会是一种什么样的体验呢？如此一来，孩子们仅在教室里也能够发现许多数学原理。从教室的座位布局中，可以发现“行和列”；在调整座次、换新同桌时，就会想到“概率”；在组建学习小组时，又会联想到“除法”；在根据同班同学不同的特点，对他们进行分类的时候，会更加理解“集合”的概念。像这样，如果孩子们将数学当作观察世间万物的“眼睛”，那么数学就不再仅仅是一个单纯的解题工具，而是一门实用的学问，是帮助人们发现生活中各种有趣事物的方法。

而这本书恰好能够培养、引导孩子用数学的眼光观察这个世界。它将各年级学过的零散的数学知识按主题进行重新整合，把数学的概念和孩子的日常生活紧密相连，让孩子在沉浸于书中内容的同时，轻松快乐地学会数学概念和原理。对于学数学感到吃力的孩子来说，这将成为一次愉快的学习经历；而对于喜欢数学的孩子来说，又会成为一个发现数学价值的机会。希望通过这本书，能有更多的孩子获得将数学生活化的体验，更加地热爱数学。

中国科学院自然史研究所副研究员、数学史博士

郭园园

|推荐语2|

一本提供全新数学学习方法之书

学数学的过程就像玩游戏一样，从看得见的地方寻找看不见的价值，寻找有意义的规律。过去，人们在大自然中寻找；进入现代社会后，人们开始从人造物体和抽象世界中寻找。而如今，数学作为人类活动的产物，同时又是一种创造新产物的工具。比如，我们用计算机语言来控制计算机，解析世界上所有的信息资料。我们把这一过程称为编程，但实际上这只不过是一种新形式的数学游戏。因此从根本上来说，我们教授数学就是赋予人们一种力量，即用社会上约定俗成的形式语言、符号语言、图形语言去解读世间万物的各种有意义的规律。

《数学不烦恼》丛书自始至终都是在进行各种类型的游戏。这些游戏没有复杂的形式，却能启发人们利用简单的思维方式去思考复杂的现象，就连对学数学感到吃力的学生也能轻松驾驭。从这一方面来说，这套丛书具有如下优点：

1.将散落在中小学各个年级的数学概念重新归整

低年级学的数学概念难度不大，因此，如果能够在这些概念的基础上加以延伸和拓展，那么学生将在更高阶的数学概念学习中事半功倍。也就是说，利用小学低年级的数学概念去解释高年级的数学概念，可将复杂的概念简单化，更加便于理解。这套丛书在这一方面做得非常好，且十分有趣。

2.通过漫画的形式学习数学，而非习题、数字或算式

在人类的五大感觉中，视觉无疑是最发达的。当今社会，绝大部分人都生活在电视和网络视频的洪流中。理解图像语言所需的时间远少于文字语言，而且我们所生活的时代也在不断发展，这种形式更加便于读者理解。

这套丛书通过漫画和图示，将复杂的抽象概念转化成通俗易懂的绘画语言，让数学更加贴近学生。这一小小的变化赋予学生轻松学习数学的勇气，不再为之感到苦恼。

3.从日常生活中发现并感受数学

数学离我们有多近呢？这套丛书以日常生活为学习素材，挖掘隐藏在其中的数学概念，并以漫画的形式传授给孩子们，不会让他们觉得数学枯燥难懂，拉近了他们与数学的距离。将数学和现实生活相结合，能够帮助读者从日常生活中发现并感受数学。

4.对数学概念进行独创性解读，令人耳目一新

每个人都有自己的观点和看法，而这些观点和看法构成了每个人独有的世界观。作者在学生时期很喜欢数学，但是对于数学概念和原理，几乎都是死记硬背，没有真正地理解，因此经常会产生各种问题，这些学习过程中的点点滴滴在这套丛书中都有记录。通过阅读这套丛书，我们会发现数学是如此有趣，并学会从不同的角度去审视在校所学的数学教材。

希望各位读者能够通过这套丛书，发现如下价值：

懂得可以从大自然中找到数学。

懂得可以从人类创造的具体事物中找到数学。

懂得人类创造的抽象事物中存在数学。

懂得在建立不同事物间联系的过程中存在数学。

我郑重地向大家推荐《数学不烦恼》丛书，它打破了“数学非常枯燥难懂”这一偏见。孩子们在阅读这套丛书时，会发现自己完全沉浸于数学的魅力之中。如果你也认为培养数学思维很重要，那么一定要让孩子读一读这套丛书。

韩国数学教师协会原会长
李东昕

|推荐语3|

解决数学应用题烦恼的必读书目

很多学生觉得数学的应用题学起来非常困难。在过去，小学数学的教学目的就是解出正确答案，而现在，小学数学的教学越来越重视培养学生利用原有知识创造新知识的能力。而应用题属于文字叙述型问题，通过接触日常生活中的数学应用并加以解答，有效地提高孩子解决实际问题的能力。对于现在某些早已习惯了视频、漫画的孩子来说，仅是独立地阅读应用题的文字叙述本身可能就已经很困难了。

这本书具有很多优点，让读者沉浸其中，仿佛在现场聆听作者的讲课一样。另外，作者对孩子们好奇的问题了然于心，并对此做出了明确的回答。

在阅读这本书的过程中，擅长数学的学生会对数学更加感兴趣，而自认为学不好数学的学生，也会在不知不觉间神奇地体会到数学水平大幅度提升。

这本书围绕着主人公柯马的数学问题和想象展开，读者在阅读过程中，就会不自觉地跟随这位不擅长数学应用题的主人公的思路，加深对中小学数学各个重要内容的理解。书中还穿插着在不同时空转换的数学漫画，它使得各个专题更加有趣生动，能够激发读者的好奇心。全书内容通俗易懂，还涵盖了各种与数学主题相关的、神秘而又有趣的故事。

最后，正如作者在自序中所提到的，我也希望阅读此书的学生都能够成为一名小小数学家。

上海市松江区泗泾第五小学数学教师
徐金金

鼓掌
鼓掌

自序

数学
——一门美好又有趣的学科

数学是一门美好又有趣的学科。倘若第一步没走好，这一美好的学科也有可能成为世界上最令人讨厌的学科。相反，如果从小就通过有趣的数学书感受到数学的魅力，那么你一定会喜欢上数学，对数学充满自信。

正是基于此，本书旨在让开始学习数学的小学生，以及可能开始对数学产生厌倦的青少年找到数学的乐趣。为此，本书的语言力求通俗易懂，让小学生也能够理解中学乃至更高层次的数学内容。同时，本书内容主要是围绕数学漫画展开的。这样，读者就可以通过有趣的故事，理解数学中重要的概念。

数学家们的逻辑思维能力很强，同时他们又有很多“出其不意”的想法。当“出其不意”遇上逻辑，他们便会进入一个全新的数学世界。书中提出搭配和概率相关理论的数学家们便是如此。最早对概率进行系统研究的数学家有帕斯卡、费马等。本书通过漫画形式讲解了搭配、有序排列、重复抽取、概率等概念，还讲解了莫尔斯电码的原理，用概率解释了熵的概念。此外，在本书的最后，还介绍了棒球中使用的概率。不了解棒球的人看到这一部分，也能感受到概率赋予棒球的独特魅力。

本书所涉及的中小学数学教材中的知识点如下：

小学：找规律、搭配（一）、搭配（二）、可能性、掷一掷

初中：概率初步

高中：概率，排列、组合与二项式定理，计数原理

希望通过本书讲到的概率理论及其在生活中的应用，大家能感受到概率的魅力。同时，通过这些内容，大家也会明白体育比赛以及游戏的公平性与概率紧密相关。

最后希望通过这本书，大家都能够成为一名小小数学家。

韩国庆尚国立大学教授

郑玩相

我叫柯马，非常讨厌数学。特别是应用题，一想到就头疼。
只有50分?! 你到底有没有在学习？
唉，不开心……
我为什么学不好数学啊？
唉……
咣当！
月亮旁边出现了一个新的月亮！
怎么会有两个月亮？!
咻——
你好呀，柯马！
你怎么会知道我的名字？!
!!

听说你因为数学而烦恼，我是来帮助你的！
来自数学星球的数学精灵
你要怎么帮我呢？
从现在开始，你将拥有神奇的魔法：可以跨越时空，穿梭于现实与幻想之间，去体验这个充满数学的世界！
啊！床自己飞起来了！
我是负责带你穿梭时空的百变“床怪”，我擅长图形与几何！
我是数学闹钟，你可以叫我“数钟”！
我擅长数和运算，让我来帮你提高数学！
相信我们就好啦！
向数学的奇幻世界出发！

人物简介

柯马

因数学不好而苦恼的孩子

充满好奇心的柯马有一个烦恼，那就是不擅长数学，尤其是应用题，一想到就头疼，并因此非常讨厌上数学课。为数学而发愁的柯马，能解决他的烦恼吗？

闹钟形状的数学魔法师

原本是柯马床边的闹钟。来自数学星球的数学精灵将它变成了一个会飞的、闹钟形状的数学魔法师。

数钟

穿越时空的百变鬼才

数学精灵用柯马的床创造了它。它与柯马、数钟一起畅游时空，负责其中最重要的运输工作。它还擅长图形与几何。

床怪

专题 1

搭配

本专题以有趣的故事展开，计算帽子、T恤、裙子之间可以有多少种不同的搭配方法。例如，2顶帽子、4件T恤和3条裙子一共可以实现24种不同的搭配方法。仔细思考，就能发现计算搭配方法数量的规则十分奇妙。同类的问题还有安排3个人坐椅子，将不同颜色涂在相邻的四边形空格中等。我们身边的事物经常隐藏着数学问题，数学离我们并不遥远。

这次我要介绍的新人女歌手是爱欧儿。她要为大家带来自己的出道曲目——《都是好时光》。
我——都喜欢！
鼓掌
真厉害
哇
朋友圈
金浩俊
爱欧儿现场直击！人美歌赞！太棒了！高音女神！
嗒嗒
音律社
爱欧儿完美高音
小西瓜：无与伦比，完美高音！
五花妹：最爱爱欧儿！
狮心王：完美高音女神。
某某人：太喜欢！
我可得发个朋友圈。
叮咚
叮咚
背包乐团
销量 340163
爱欧儿
销量 471203
艾莉
销量 231033
下载 432011
现在，我们将揭晓本周的冠军！本周的冠军就是——
爱欧儿！
啊！
哇！
跳起来
第二周
本周的冠军依然是爱欧儿！
谢谢大家！
第三周
爱欧儿
冠军
我每一次获得冠军都离不开大家的支持，感谢大家！
第四周
恭喜你，爱欧儿！
我已经连续四周获得冠军了，感谢大家！
掌声
哇！
哇！
欢呼

四连冠 ——爱欧儿！

刘小欧：爱欧儿是没衣服穿吗？每次上台都穿一样的衣服。
李希洛：对啊，帽子也是两顶换着戴。
豪利：可能是因为穷吧。

几天后

爱心孤儿院

爱欧儿姐姐！

姐姐

孩子们！

咔嚓

咔嚓

哇，又给我们带礼物啦！

我可想姐姐了。

最近还好吗？

震惊！爱欧儿原来这般人美心善！

偶遇爱欧儿，她带着大包小包的礼物去孤儿院分发给孩子们，看起来她经常去那里。

我爱爱欧儿：天哪……原来是省钱给孩子们买礼物了。
天使爱欧儿：还是爱欧儿姐姐最棒，呜呜。
爱乐女王：爱欧儿快点儿回归吧！

服装的搭配方法

搭配和分步乘法计数原理

数钟，这次要讲的内容与爱欧儿的帽子、T恤和裙子数量有关吗？

没错，今天要学习的是如何计算搭配方法的数量。请看如下示意图。

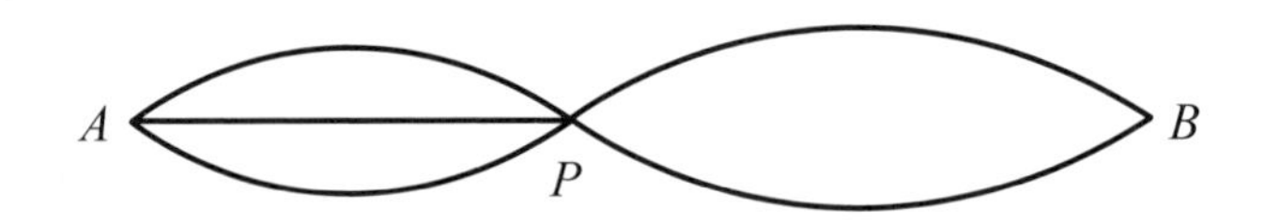

将A，P，B三点分别看作3座城市，它们之间的线段和弧线看作不同的道路。从A市到P市有3条路可以走，从P市到B市有2条路可以走，那么从A市经过P市到B市的路线一共有几种？

一共有5条路，所以是5种吗？

不对哦，需要仔细地思考一下。将所有可能的路线全部画出来，如下图。

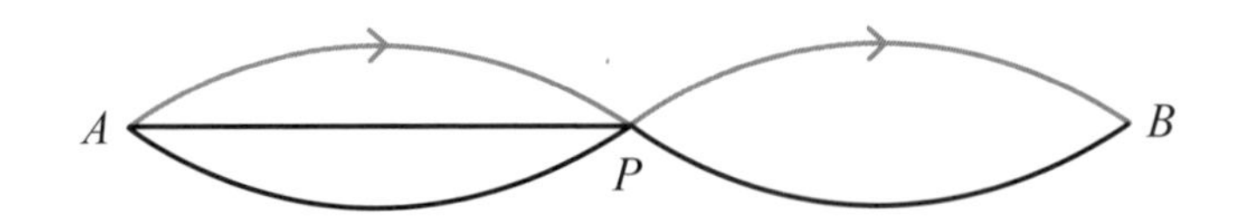

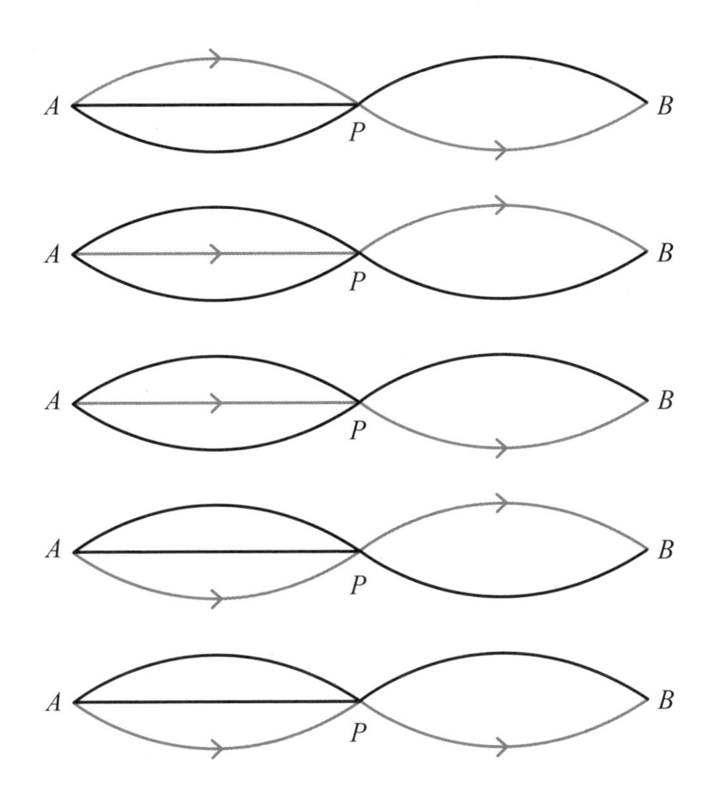

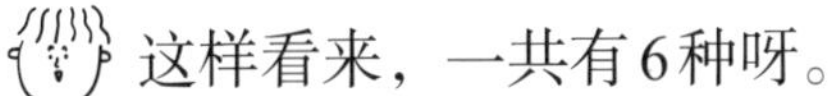
这样看来，一共有6种呀。

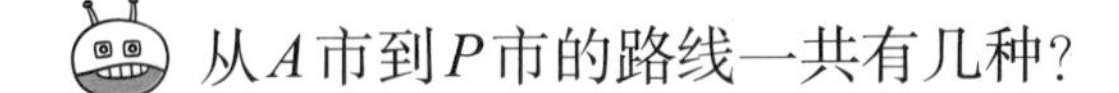
从A市到P市的路线一共有几种?

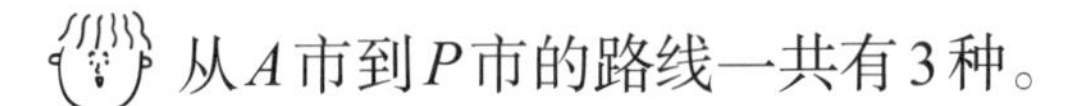
从A市到P市的路线一共有3种。

那么，从P市到B市的路线一共有几种呢?

从P市到B市的路线只有2种。

没错。此时从A市出发，经过P市到达B市的路线数量，等于从A市到P市的路线数量与从P市到B市的路线数量的乘积，也就是$3 \times 2 = 6$（种）。这就是分步乘法计数原理：

完成一件事需要经过n个步骤，缺一不可，做第1步有m_1种不同的方法，做第2步有m_2种不同的方法……做第n步有m_n种不同的方法，那么，完成这件事共有$m_1 \times m_2 \times \cdots \times m_n$种方法。

分步乘法计算原理也叫作“乘法原理”。

那么，分步乘法计数原理也适用于计算爱欧儿的服装搭配方法吧？

当然了，只要把选帽子、选T恤和选裙子各看作一个步骤就可以了。爱欧儿有2顶帽子、4件T恤和3条裙子，利用这些进行不同搭配的方法一共有$2 \times 4 \times 3 = 24$（种）。

原来如此。利用这种方法，可以用很少的几件服饰，搭配出很多不同的造型呀！

真是太神奇啦！只用2顶帽子、4件T恤和3条裙子，竟然可以搭配出24种不同的造型。

三个人如何坐椅子?

排列与组合

现在来聊一下排列与组合。柯马、床怪和我有序站立，如下图所示。

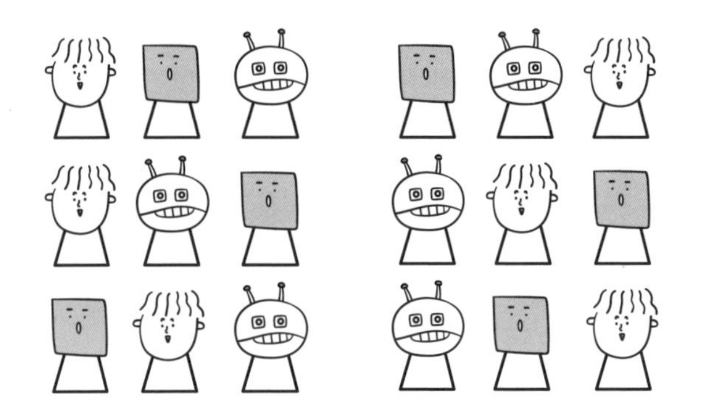

我来数一数，我们3人有序站立的情况一共有6种。

对啦，这个也可以用分步乘法计数原理来解释。假设现在有三把椅子按顺序排列，如下图所示。3人中的1人坐在第一把椅子上的情况有几种呢?

3人都有可能坐在第一把椅子上，所以应该有3种

情况。

那么，坐在第二把椅子上的情况又有几种?

不也是3种吗?

不是的，由于已经有1人坐在第一把椅子上了，因此能坐在第二把椅子上的人只剩2人。所以应该是2种情况。

这么说，能坐在第三把椅子上的人只有1人，所以应该就是1种情况啦。

没错，3人按一定顺序坐椅子的方法，也就是将3人按照顺序进行排列组合，根据分步乘法计数原理，有$3\times2\times1=6$（种）情况。

3人按顺序坐椅子的方法是不是可以这样理解：3人中有1人坐在第一把椅子上之后，剩下2人中有1人坐在第二把椅子上，最后1人只能坐在第三把椅子上，没有选择的余地?

理解得非常到位！现在来看一下由1，2，3，4组成的三位数一共有多少个吧。注意，组成每个三位数时，各数字最多只能使用一次。

这个我没学过，好难啊。我连学过的都还不太明白呢。

柯马，以你的水平完全可以做出这道题目，非常简单。三位数可以用下图来表示。

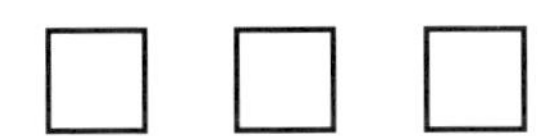

此时，第一个□表示百位数，第二个□表示十位数，最后一个□表示个位数。现在，百位数有几种情况呢？

1，2，3，4中任何一个数字都可以放在百位上，所以有4种情况。

是的，接下来十位数有几种情况呢？

百位上已经随机选择了一个数字，那么能放在十位上的数字就是剩下的三个数字，所以是3种情况。

那个位数呢？

百位和十位已经分别选择了一个数字，还剩下两个数字，所以是2种情况。

没错，最终由1，2，3，4组成的三位数一共有$4\times3\times2=24$（个）。

原来可以组成24个不同的三位数啊。

再解一道题吧。由0，1，2组成的三位数一共有几个呢？组成每个三位数时，各数字还是最多只能使用一次。

三位数不就是3个数字按照顺序排列吗？那么根

据分步乘法计数原理，可得由0，1，2组成的三位数个数是$3 \times 2 \times 1 = 6$（个）。

真的是这样吗？再想想。

哪里出问题了呢？可以放在百位上的数字有3个，可以放在十位上的数字有2个，可以放在个位上的数字有1个，不就是6个吗？

嗯……你忽视了非常重要的一点。把三位数写成□□□看看，第一个□中可以是0吗？

噢！原来是这样。比如，012就不是三位数。

是吧？由于题干的要求是三位数，因此第一个□中不能放0，只能放1或者2。也就是说，放入第一个□中的数有2种情况。第一个□中已经有了一个数字，所以第二个□中能放入的数字就有2种。

嗯，对于第二个□，0是可以放进去的。

当然啦。第三个□中只能放入最后剩下的一个数字，所以第三个□只有1种情况。因此，根据分步乘法计数原理，可得答案是$2 \times 2 \times 1 = 4$（个）。

原来如此，之前我想得太简单了。第一个□中不能放0，这一点我一定要牢牢记住。

我觉得犯错误也是一种很好的学习方法。以后柯马应该不会忘记数字的首位不能是0了吧？

好像真是这样。

概念整理自测题

1. 从A点经过P点到达B点的情况一共有多少种？

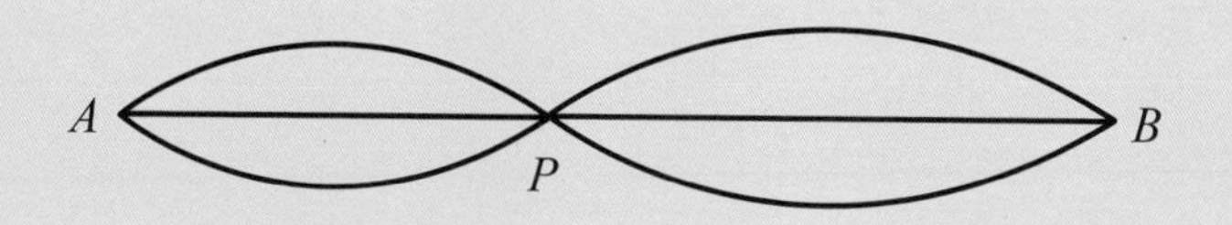

2. 从写有数字1，2，3，4，5，6的六张卡片中抽取任意三张，它们可能组成的三位数一共有多少个？

3. 从写有1～8的八张数字卡片中抽取一张，这张卡片是偶数或者是3的倍数的情况一共有多少种？

※自测题答案参考114页。

涂上互不相同的颜色

请观察以下图形。

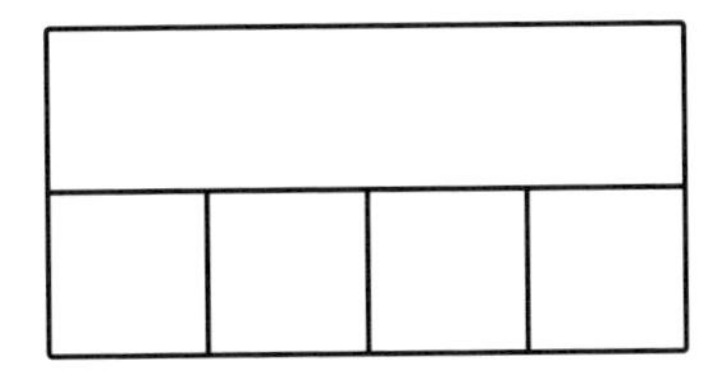

现在要给其中各个四边形空格涂上颜色。可用的颜色有红色、黄色、蓝色、绿色、紫色，且同一种颜色可以多次使用，但是相邻的空格必须是不同的颜色。那么涂色的方法有多少种呢？

首先把五个区域标记为A、B、C、D、E。

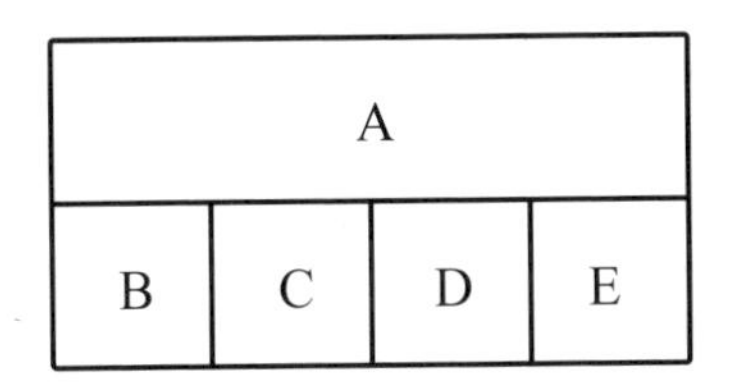

接下来，我们按照A、B、C、D、E的顺序依次涂色。那么空格A可以涂上红色、黄色、蓝色、绿色、紫色中的任意一种颜色，所以空格A的涂色种类一共有5种。

由于空格B的颜色不能与空格A相同，因此空格B的涂色种类一共有4种。

因空格C与A、B相邻，故空格C的颜色必须与A和B不同；那么空格C的涂色种类一共有3种。

由于空格D和B不相邻，因此空格D的颜色可以和B相同，只要与A和C不同即可；所以空格D的涂色种类有3种。

空格E的颜色只要与A和D不同即可，所以空格E的涂色种类是3种。以上内容整理如下：

空格A的涂色种类是5种
空格B的涂色种类是4种
空格C的涂色种类是3种
空格D的涂色种类是3种
空格E的涂色种类是3种

根据分步乘法计数原理，可得涂色的方法有

$$5 \times 4 \times 3 \times 3 \times 3 = 540（种）$$

专题 2

有序排列和任意抽取

本专题数学漫画中给出的任务是设计经过所有城堡的汽车线路，这与我们日常生活中设计地铁线路和公交线路类似。本专题将讲解有相同物品的有序排列组合与互不相同物品的有序排列组合的区别，介绍两人一组确定值日排班的方法，还会涉及足球或篮球淘汰赛中的计算。让我们一起进一步见识日常生活中随处可见的数学故事吧。

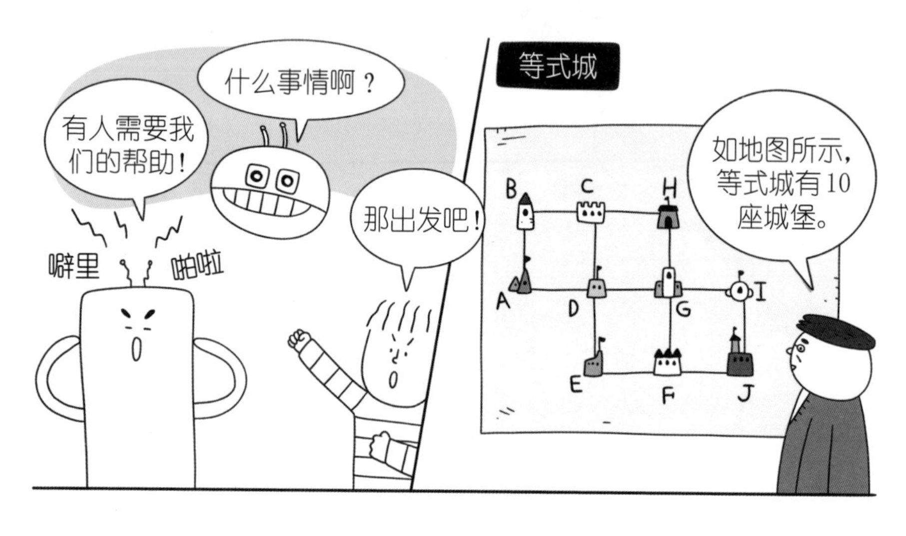

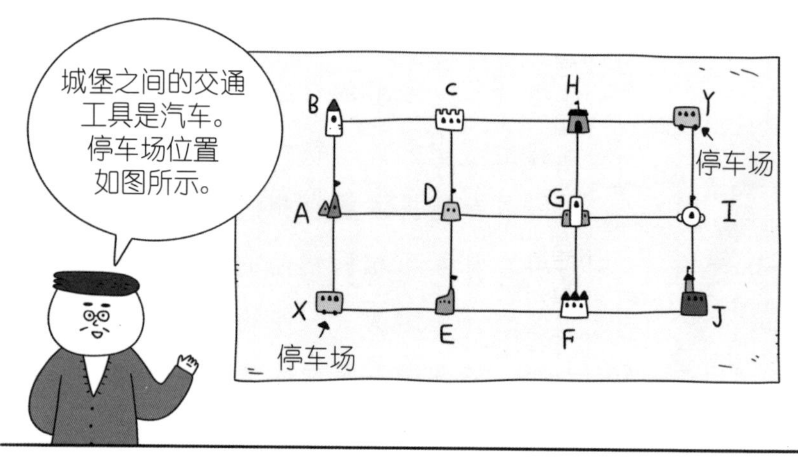

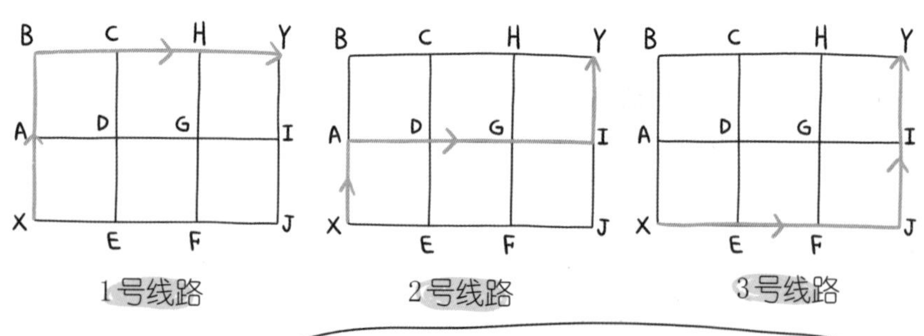

现有3辆汽车，我设计了3条线路。每辆汽车都从X停车场出发，沿各自的线路到达Y停车场。

一共有10座城堡，所以需要10条线路吗？

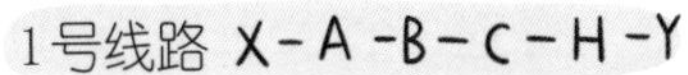

1号线路 X-A-B-C-H-Y
2号线路 X-A-D-C-H-Y
3号线路 X-A-D-G-H-Y
4号线路 X-A-D-G-I-Y
5号线路 X-E-D-C-H-Y
6号线路 X-E-D-G-H-Y
7号线路 X-E-D-G-I-Y
8号线路 X-E-F-G-H-Y
9号线路 X-E-F-G-I-Y
10号线路 X-E-F-J-I-Y

不是的，这是将所需的线路都罗列出来之后得到的结果。

设计经过所有城堡的汽车线路

有相同物品的有序排列

在设计汽车的线路时，必须一条一条地画出来才行吗？没有简单的计算方法吗？

当然有啦。这就是我现在要介绍的。假设有2个苹果和1个香蕉，将这3个水果进行有序排列，有几种方式呢？

一共有3个水果，所以不就是$3 \times 2 \times 1 = 6$（种）排列方式吗？

不是的，还需要再思考一下。这里的重点在于2个苹果是一样的。具体排序结果如下图所示。

只有3种呢！

按照苹果、苹果、香蕉的顺序排列时，2个苹果就算变换顺序也是一样的。

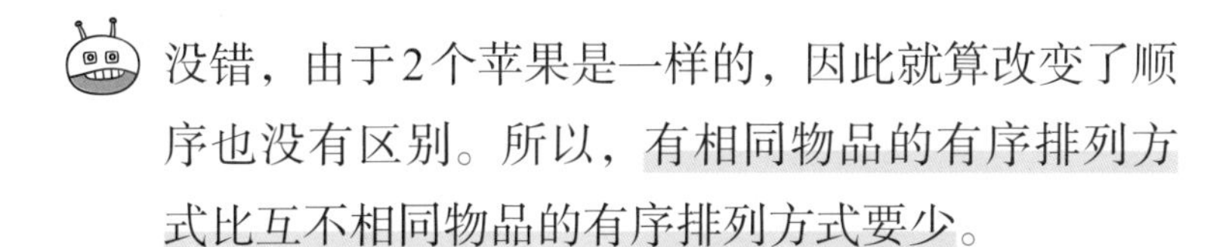

没错，由于2个苹果是一样的，因此就算改变了顺序也没有区别。所以，有相同物品的有序排列方式比互不相同物品的有序排列方式要少。

原来是这样！苹果、草莓、香蕉的有序排列方式有6种，而苹果、苹果、香蕉的有序排列方式只有3种！

没错。这里的3是由以下式子得出的：

$$(3\times2\times1)\div(2\times1)=3$$

包含2个相同物品的有序排列方式数量是用互不相同的物品有序排列方式的数量除以（2×1）得出的呀？

没错，由于有2个相同的物品，因此除以（2×1）就可以得出结果了。

理解啦。

那么来看一道应用题吧。3个苹果和2个香蕉的有序排列方式有几种呢？

假设是互不相同的5个水果，那么一共有5×4×3×2×1种排列方式……

但是现在有3个相同的苹果和2个相同的香蕉，所以3个苹果和2个香蕉的有序排列方式数量是

（5×4×3×2×1）÷（3×2×1）÷（2×1）=10（种）。

是吗？我画一下图，看看对不对。

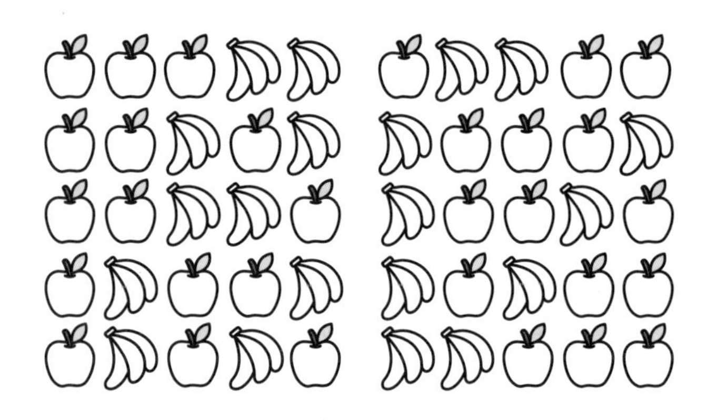

你们俩都很棒呀！现在咱们一起来解决在数学漫画中的汽车线路问题吧。

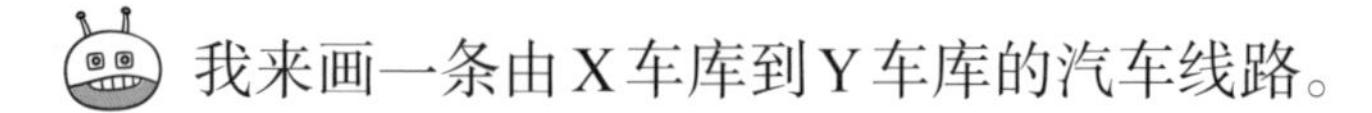

我来画一条由X车库到Y车库的汽车线路。

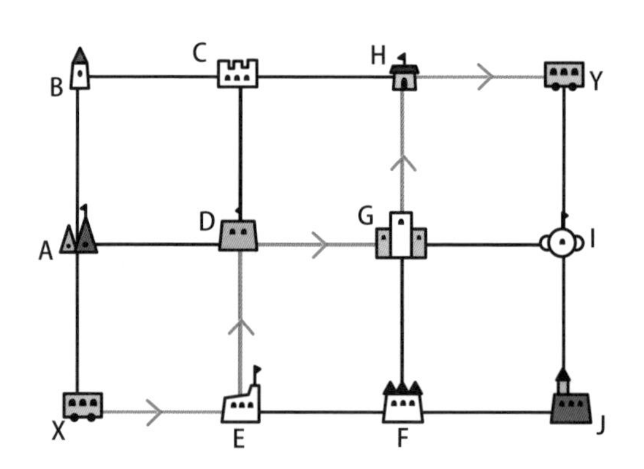

汽车只能向右和向上走，所以上图中的汽车线路可以简化为下图：

2个向上的箭头和3个向右的箭头组合在一起了呢。

就是这样。因此，只要把2个向上的箭头和3个向右的箭头进行有序排列就可以了，于是有（5×4×3×2×1）÷（3×2×1）÷（2×1）= 10（条）线路。可用全部画出来，如下图所示。

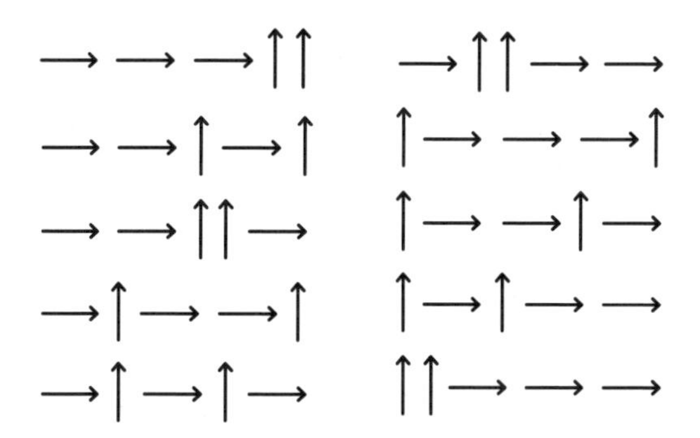

两人一组，确定值日排班

任意抽取问题

这次来看一下任意抽取问题，不用进行有序排列了。

不用进行有序排列？那是什么意思呢？

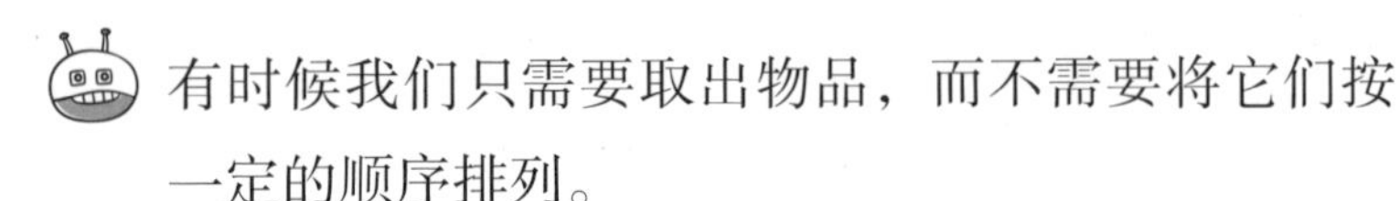

有时候我们只需要取出物品，而不需要将它们按一定的顺序排列。

可以举个例子说明一下吗？

好，比方说，要从我们3个人中选2个人值日。

床怪和我、床怪和数钟，还有我和数钟，有这样3种情况呀。因为床怪和我、我和床怪实际上是一种情况，也就是说，就算是更改选取顺序，结果也是一样的。

对啦。因为选2个人值日不必区分顺序。像这样从3个人中选2个人，不进行有序排列而只是任意抽取的情况有（3×2）÷（2×1）= 3（种）。

这样的话，从5个人中直接选3个人的情况就应该有（$5\times4\times3$）÷（$3\times2\times1$）= 10（种）啦。

任意抽取比有序排列的情况要少呢。

当然啦。现在来看一下任意抽取问题的应用吧。请看下图，该图中共有几个长方形？

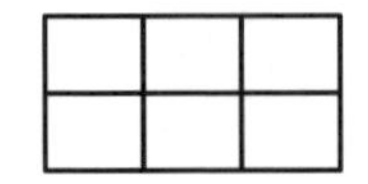

最小的长方形如下图，由 1 个格子组成。

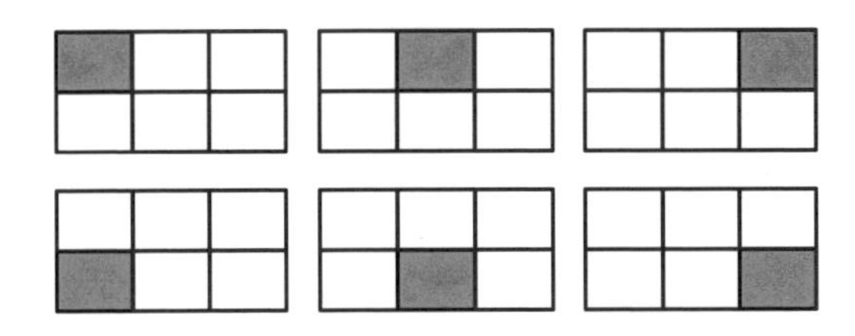

下面是由左右 2 个格子并排组成的长方形。

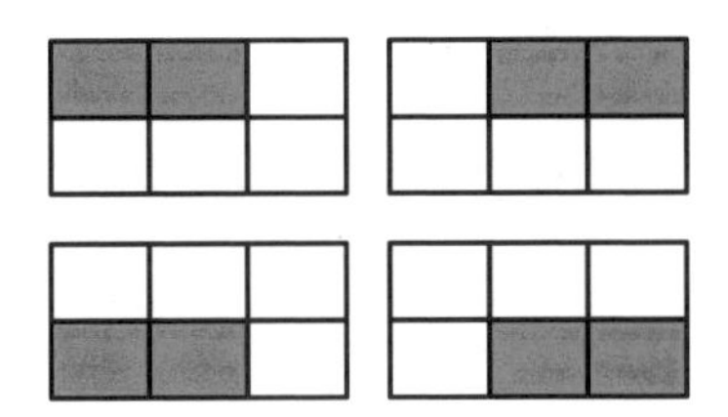

还有由上下 2 个格子组成的长方形。

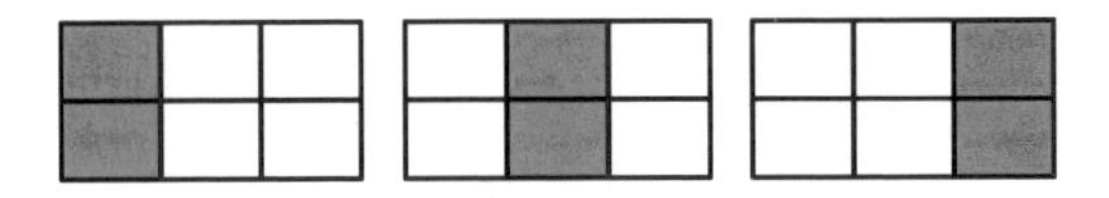

下面是由 3 个格子组成的长方形。

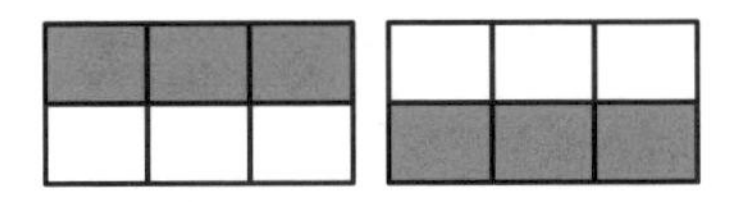

现在来看一下由 4 个格子组成的长方形。

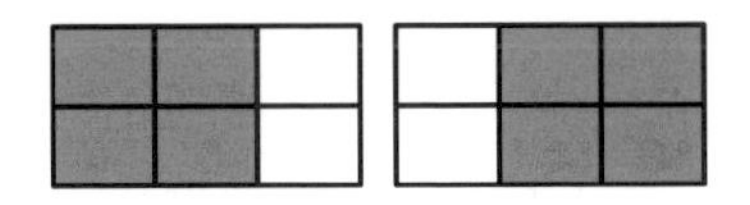

最后是由 6 个格子组成的长方形。

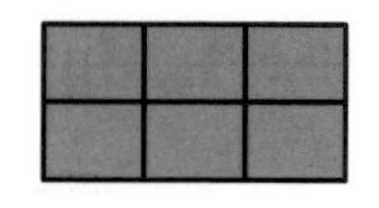

因此，图中的长方形共有6 + 4 + 3 + 2 + 2 + 1 = 18（个）。

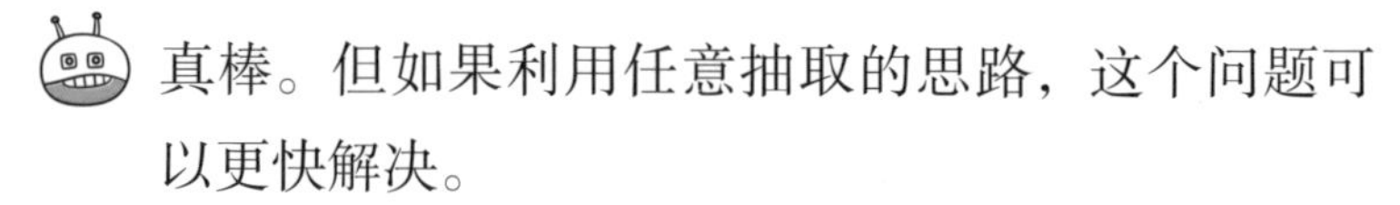

真棒。但如果利用任意抽取的思路，这个问题可以更快解决。

应该怎么做呢？

长方形由2条横线和2条竖线组成。下面我把横线涂成灰色，竖线涂成黑色。

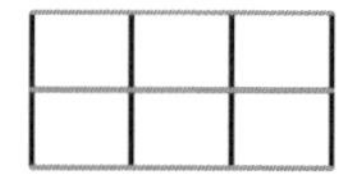

只要从黑线中选2条，从灰线中选2条，就可以组成一个长方形。比如说，选择第二条和第三条黑线与第一条和第二条灰线，就是由1个格子组成的长方形，如下图所示。

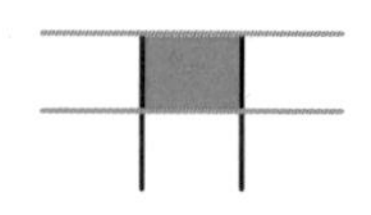

从横线和竖线中各选2条的情况有几种就是可以组成几个长方形。

对啦。横线一共有3条，先算一下从中选择2条的情况有几种吧？

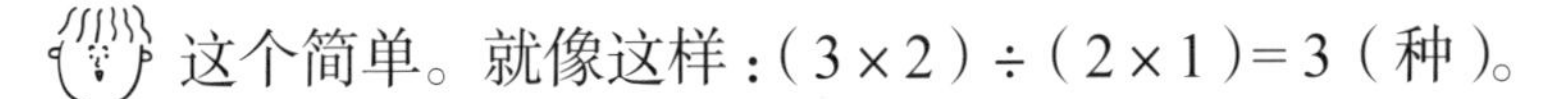

这个简单。就像这样：$(3\times2)\div(2\times1)=3$（种）。

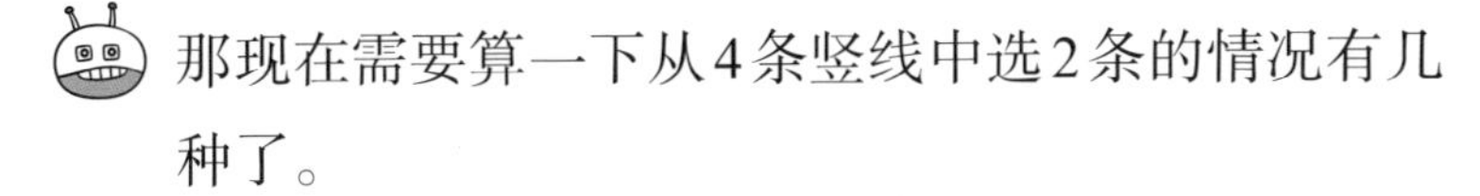

那现在需要算一下从4条竖线中选2条的情况有几种了。

从4条竖线中选2条的情况有 $(4\times3)\div(2\times1)=6$（种）。

你们俩都好棒呀。这样算下来从横线中选2条和从竖线中选2条的情况共有 $3\times6=18$（种）。

⏩ 概念整理自测题

1. 用1，1，1，2，2这五张数字卡片能组成的五位数一共有多少个？

2. 下图中从A地出发到达B地的最短线路一共有多少条？

3. 从5个人中选出3名代表，一共有多少种情况？

※ 自测题答案参考115页。

淘汰赛的比赛场数

足球、篮球等比赛的对战方式通常分为循环赛和淘汰赛。循环赛的规则是所有参赛的球队相互轮流比赛，按全部比赛中得分多少决定名次。比如，在职业足球联赛和职业篮球联赛中，常采用循环赛，通常每支队伍都要在规定的时间内与对手进行多次较量。淘汰赛的规则与循环赛不同，每次比赛都要淘汰输的一方，让赢的一方继续比赛，最终决出冠军。

当16支队伍参加淘汰赛时，我们来求一下需要进行的比赛总场数。如下图所示，图中每条竖线代表1支队伍。

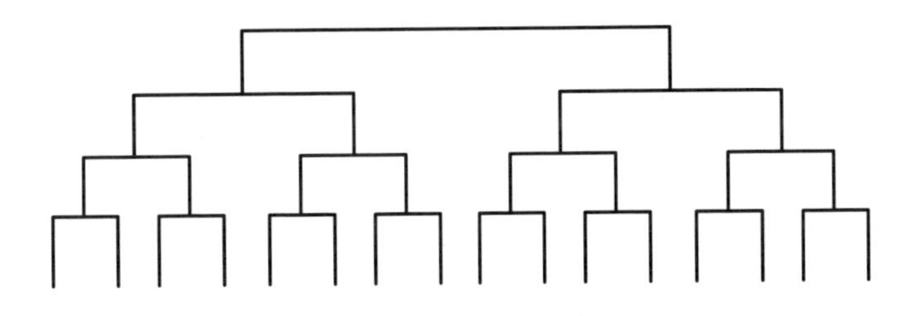

第一轮比赛由16支队伍进行8场比赛，此时赢的队伍有8支，所以第二轮比赛要进行4

场；接下来，赢的队伍有4支，所以第三轮比赛要进行2场；最后进入决赛的2支队伍比1场就可以了。

这样计算的结果是

$$8+4+2+1=15\text{（场）}$$

一般n支队伍以淘汰赛的方式争夺冠军时，需要进行$n-1$场比赛。

专题 3

重复抽取

本专题会介绍莫尔斯电码，它是通过点“·”和画“—”的组合来传递信息的电码，常用于无线通信。长短不同的亮光或声音也可以组成莫尔斯电码，比如“嗒嗒嗒/嗒——嗒——嗒——/嗒嗒嗒”，解码后就是“SOS”，即求救信号。而本专题中，我们会从数学的角度用重复抽取问题的思路来讲解莫尔斯电码的原理。

最后，在视频课中，我们会讲解将3封信放进2个邮筒里的方法，以进一步分析重复抽取问题。

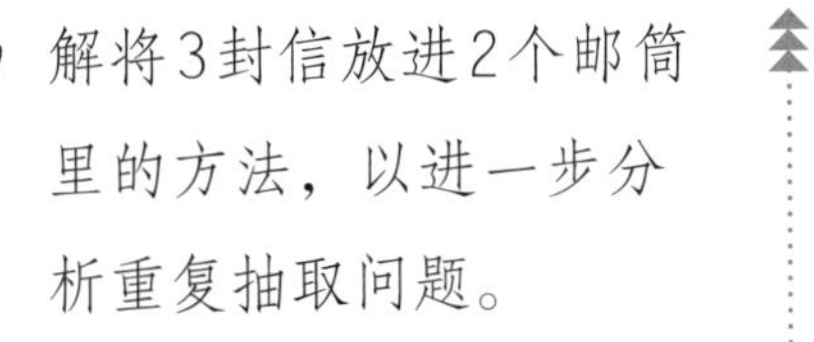

乐兴国
VS
乐盛国
嘻哈
世界音乐节
决赛
乐兴国双人组 ——皮克和声
哇
哇
世界音乐节
决赛
乐盛国说唱组合 ——斯太缇二重唱
噢——
喔——
嘻哈
嘻哈
乐兴国的皮克和声和乐盛国的斯太缇二重唱都给我们带来了精彩的表演，那么最终夺冠队伍是 ——
乐兴国 皮克和声
VS
乐盛国 斯太缇 二重唱
恭喜！乐盛国的斯太缇二重唱！
哇！
亚军
冠军
嘻哈
乐兴国
竟然输给了乐盛国……不能忍！攻打乐盛国吧！
好！
向乐盛国射击！
啪——
啊！
啊！
啪——
逃难的乐盛国人
战争什么时候是个头啊……

不知战争何时结束，我们想办法让它停下来吧。
试试看，我们办一场停战演出吧。
皮克和声
斯太缇二重唱
为了终止这场战争，皮克和声和斯太缇二重唱联袂演出！
⑫
皮克和声1
斯太缇二重唱a
斯太缇二重唱b
扭动
扭动
挥动
再见
转身
现在由两国的人气组合联手为我们带来舞蹈《反对战争》。
嘻哈
转身——

上场
戴上
揭下
上场
挥动
现在两个组合给我们带来的是“和平”主题表演！
反对战争，世界和平
反对战争！
反对战争！
拒绝战争！
呃啊啊！
乐兴国国王，下台！
好棒——
欢呼——
战争终于结束啦！
哇——
哇——
和平奖杯
皮克和声和斯太缇二重唱

重复抽取问题

莫尔斯电码的原理

这次我们来讨论一下重复抽取后有序排列的问题。

重复抽取后有序排列是什么意思啊？

举个例子，假设有下图所示的两个图章，将这两个图章按顺序盖两次，允许重复，会有几种情况呢？

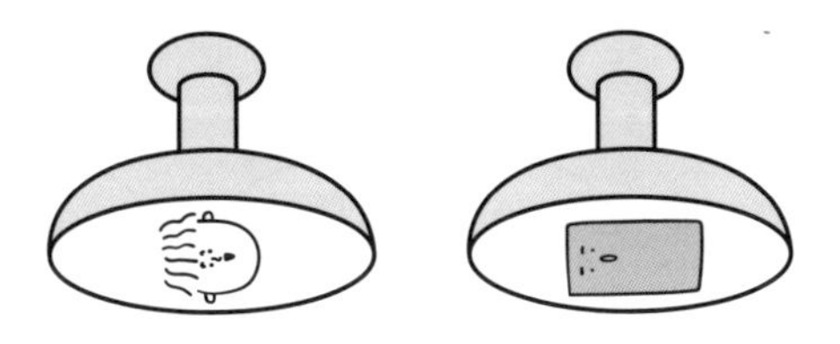

我不太明白允许重复是什么意思，是说同样的图章可以盖两次吗？

没错，就是柯马的图章或者床怪的图章连续盖两次都可以，所以盖图章的时候会出现以下几种情况。

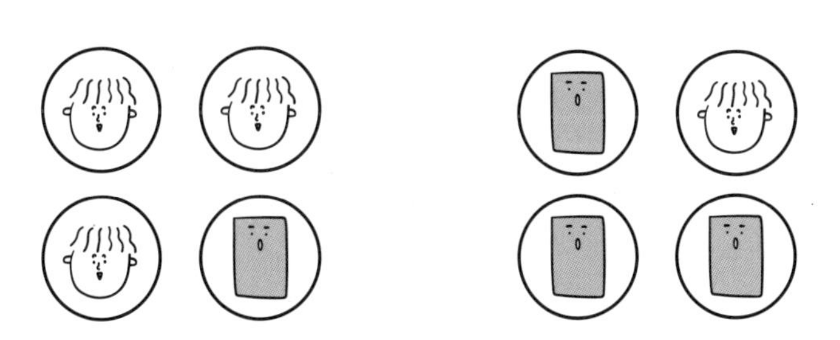

可以盖两个同样的图章，也可以盖两个不同的图章，一共有4种情况。

是的。允许重复的情况下盖三次，又有几种情况呢？

我来！应该是这样的，对吧？

床怪整理得很好呢，共有 8 种情况。

现在我来总结一下：允许重复的情况下，两种图章盖两次有 $2 \times 2 = 4$（种）情况，两种图章盖三次有 $2 \times 2 \times 2 = 8$（种）情况。

那么盖四次有 $2 \times 2 \times 2 \times 2 = 16$（种）情况，盖五次就有 $2 \times 2 \times 2 \times 2 \times 2 = 32$（种）情况。

没错！利用这一性质，就可以用两个符号表示所有的字母。这就是莫尔斯电码的原理。数学漫画中的歌手们有戴面罩和不戴面罩两种情况。如下图所示，我们约定戴面罩和不戴面罩分别用“—”和“•”这两种符号来表示，而仅用这两个符号就可以表示所有的字母。

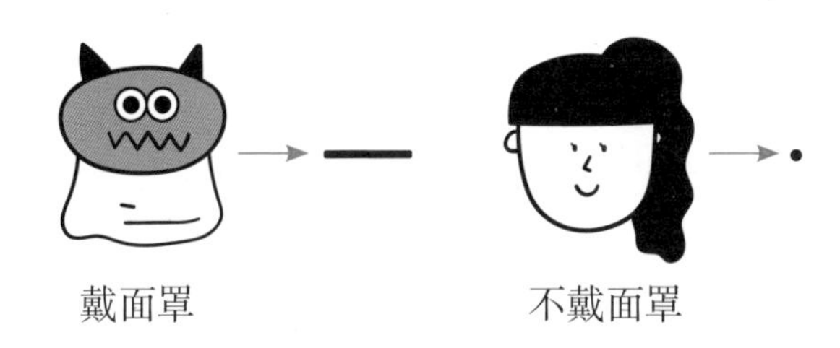

具体如下表所示。

莫尔斯电码表

字母	符号	字母	符号
A	•—	N	—•
B	—•••	O	———

续　表

字母	符号	字母	符号
C	—•—•	P	•——•
D	—••	Q	——•—
E	•	R	•—•
F	••—•	S	•••
G	——•	T	—
H	••••	U	••—
I	••	V	•••—
J	•———	W	•——
K	—•—	X	—••—
L	•—••	Y	—•——
M	——	Z	——••

在莫尔斯电码表中查找对应字母，就可以将两个组合利用面罩表达的含义解读出来，如下图所示。

注：NO WAR PEACE 意为反对战争，渴望和平。

哇！原来是利用面罩展现的莫尔斯电码舞呀！那数字或者其他国家的语言也可以用莫尔斯电码表示吗？

当然了。莫尔斯电码设计之初，只计划用于发送数字。但是之后的研究人员将莫尔斯电码的应用范围进行了扩展。为了方便发电报，文字的使用频率越高，其对应的符号就要越短，比如英文中的“E”便是用最短的符号“•”来表示的。给你们出一道题吧，注意其中有一个小陷阱——有 0 和

1两张数字卡片，若允许卡片重复使用，抽取三次卡片，可组成几个三位数?

好像是$2\times2\times2=8$（个）呢。

错啦！一定要记住，0不能放在首位。下面列出的是重复利用0，1两张数字卡片抽取三次，组成数字的情况。

0 0 0
0 0 1
0 1 0
0 1 1
1 0 0
1 0 1
1 1 0
1 1 1

对呀，是8个数字呀！

啊哈！床怪上当了。数钟刚刚不是说了嘛，组成三位数时，0不能放在百位上。

没错！000，001，010，011不是三位数，要把它们去掉。

唉，我竟然也犯了这样的错误……那么，这8个数字中只有4个是三位数。

是的。

概念整理自测题

1. 允许重复使用1，2两张数字卡片，抽取三次，一共可以组成几个不同的三位数？

2. 有2名候选人，由3位选民进行无记名投票选出一个代表，不可弃权，结果一共有几种情况？

3. 允许重复抽取0，1两张数字卡片，抽取两次，一共可以组成几个两位数？

※ 自测题答案参考116页。

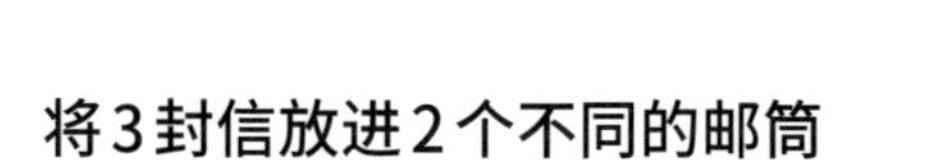

将3封信放进2个不同的邮筒

有一道题目：试求将3封信放进2个不同的邮筒里，一共有多少种情况。

将2个邮筒分别标记为邮筒A和邮筒B，将3封信分别标记为信1、信2和信3，具体如下表。

信件投递情况表

信1	信2	信3
邮筒A	邮筒A	邮筒A
邮筒A	邮筒A	邮筒B
邮筒A	邮筒B	邮筒A
邮筒A	邮筒B	邮筒B
邮筒B	邮筒A	邮筒A
邮筒B	邮筒A	邮筒B
邮筒B	邮筒B	邮筒A
邮筒B	邮筒B	邮筒B

因此，在允许重复的前提下，将3封信放进2个不同的邮筒有$2\times2\times2=8$（种）情况。

扫一扫前勒口二维码，立即观看郑教授的视频课吧！

专题 4

概率

本专题将通过日常生活中的趣事来介绍概率，主要涉及抛两枚硬币时正面或反面朝上的概率、掷骰子出现特定情况的概率，以及箭命中靶心的概率等。此外，在视频课中会讲解在做选择题时猜对答案的概率。

砰！
出发！
启动——
哗啦——
嗬！
呃啊啊——
咻咻咻
终于平稳了。
欢迎来到怪物房间！我正面和反面的样子不同！
砰！
天使
恶魔
翻转
翻转
天使？恶魔？
盖上
概率是$\frac{1}{2}$……
嗯……
天使！

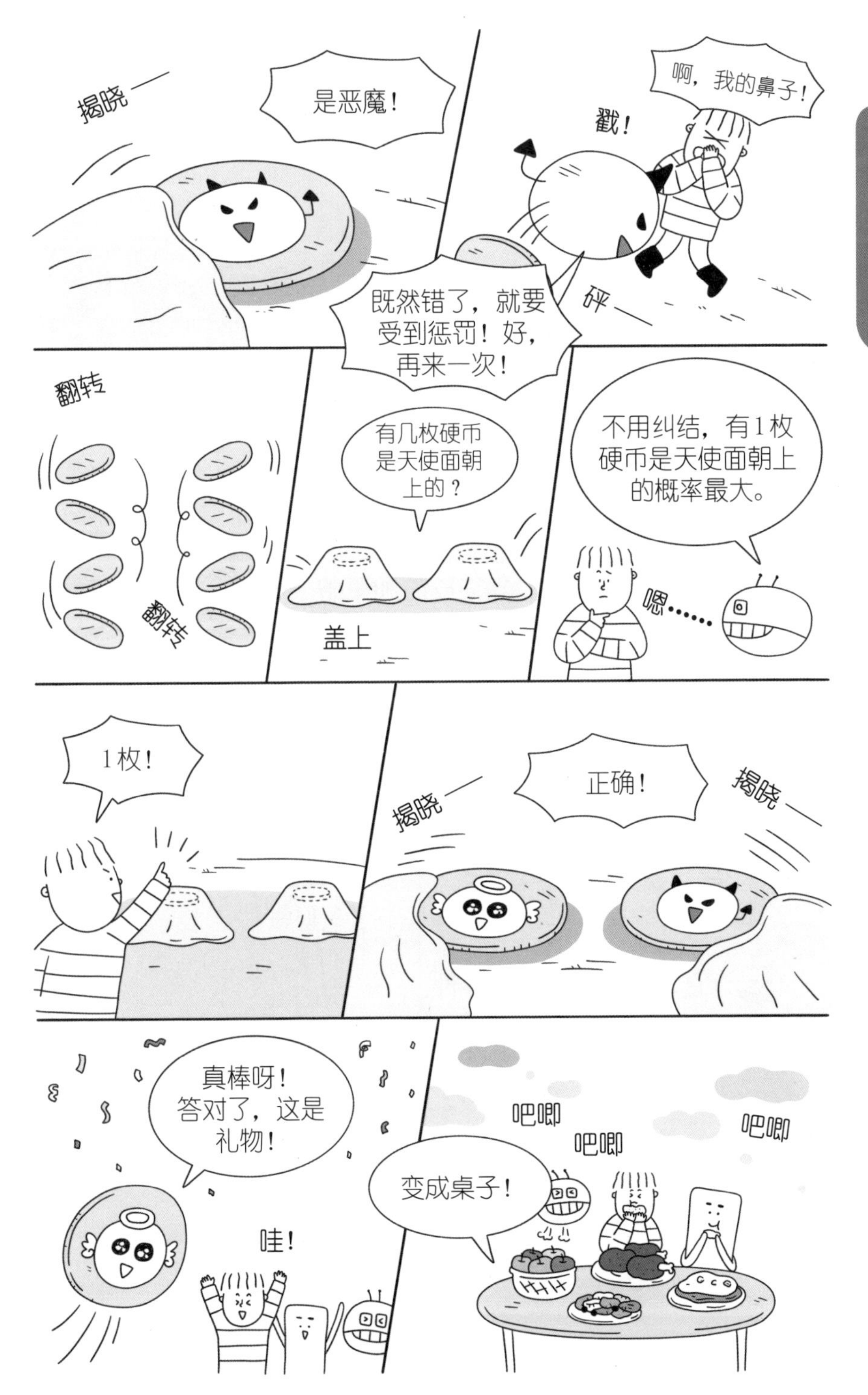
揭晓——
是恶魔！
啊，我的鼻子！
戳！
砰——
既然错了，就要受到惩罚！好，再来一次！
翻转
翻转
有几枚硬币是天使面朝上的？
盖上
不用纠结，有1枚硬币是天使面朝上的概率最大。
嗯……
1枚！
揭晓——
正确！
揭晓——
真棒呀！答对了，这是礼物！
哇！
变成桌子！
吧唧
吧唧
吧唧

抛两枚硬币，正面朝上的概率是多少？

什么是概率

来，现在咱们讲讲概率。

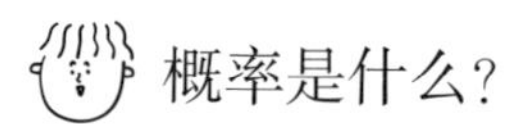

概率是什么？

抛硬币通常会出现哪些情况？就不要考虑那种刚好立起来的特殊情况了。

不是正面朝上，就是反面朝上吧。

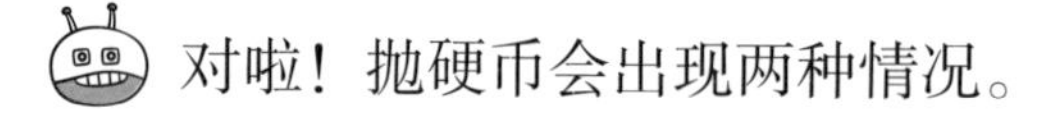

对啦！抛硬币会出现两种情况。

正面朝上

反面朝上

可以记作如下两个事件。

事件1：正面朝上

事件2：反面朝上

抛硬币时出现正面朝上的概率就是正面朝上的硬币枚数除以硬币的总枚数。

$1\div2$就可以了吗？

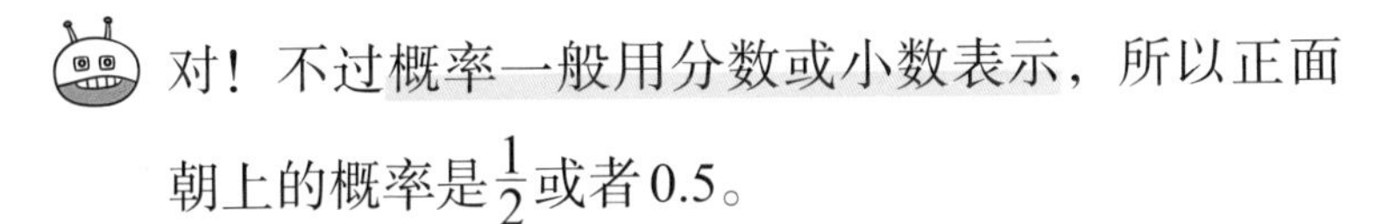

对！不过概率一般用分数或小数表示，所以正面朝上的概率是$\frac{1}{2}$或者 0.5。

那么反面朝上的概率也与正面朝上的概率一样，是$\frac{1}{2}$吗？

没错。所以

正面朝上的概率 + 反面朝上的概率 = 1

数学漫画中不是说抛两枚硬币的时候，有一枚硬币天使面朝上的概率最大吗？这是为什么呢？

这是一个与抛硬币有关的概率问题。抛两枚硬币时会出现下列情况：

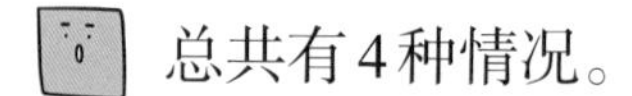

总共有4种情况。

以正面朝上的硬币枚数为基准，进行分类。

事件1：2枚硬币正面朝上

事件2：1枚硬币正面朝上

事件3：没有硬币正面朝上

那现在求一下2枚硬币正面朝上的概率是多少。

总共有4种情况，其中2枚硬币正面朝上的情况有1种，所以2枚硬币正面朝上的概率是$\frac{1}{4}$。

1枚硬币正面朝上的概率是多少？

总共有4种情况，其中1枚硬币正面朝上的情况有2种，所以1枚硬币正面朝上的概率是$\frac{2}{4}$，也就是$\frac{1}{2}$。

没有硬币正面朝上的概率是多少呢？

总共有4种情况，没有硬币正面朝上的情况有1种，所以没有硬币正面朝上的概率是$\frac{1}{4}$。

在这3个事件中，1枚硬币正面朝上的概率最大吧？

是的。

概率大就意味着事件发生的可能性大。所以在抛两枚硬币时，猜测1枚硬币是天使面朝上，正确的可能性更大哦。

所以我们才能得到礼物呀。

掷两次骰子，一次是奇数，另一次是偶数的概率是多少？

概率相乘

现在来讲讲概率相乘的情况。

什么情况下概率要相乘呢？

掷一次骰子，一共有几种情况？

骰子的6个面上分别写着1，2，3，4，5，6，有6种情况。

没错，柯马。那么，掷骰子的时候出现偶数的情况有几种呢？

偶数有2，4，6，所以有3种。

回答正确。那掷骰子的时候出现奇数的情况一共有几种呢？

奇数有1，3，5，所以有3种。

假设掷两次骰子，算算第一次掷骰子出现奇数，第二次掷骰子出现偶数的概率吧。

第一次掷骰子出现奇数的概率是$\frac{1}{2}$。

第二次掷骰子出现偶数的概率也是$\frac{1}{2}$。

对。这时要算第一次掷骰子出现奇数，第二次掷骰子出现偶数的概率，就要把两个事件单独出现的概率相乘。两个事件单独出现的意思是两个事件发生的概率没有影响，这样的两个事件叫作相互独立事件。

那么将第一次掷骰子出现奇数的概率$\frac{1}{2}$与第二次掷骰子出现偶数的概率$\frac{1}{2}$相乘，就是$\frac{1}{2}\times\frac{1}{2}=\frac{1}{4}$啦。

没错！

箭命中靶心的概率是多少？

面积与概率

现在讲讲与面积有关的概率。

面积与概率有什么关系呢？

假设有一个箭靶，如下图所示。

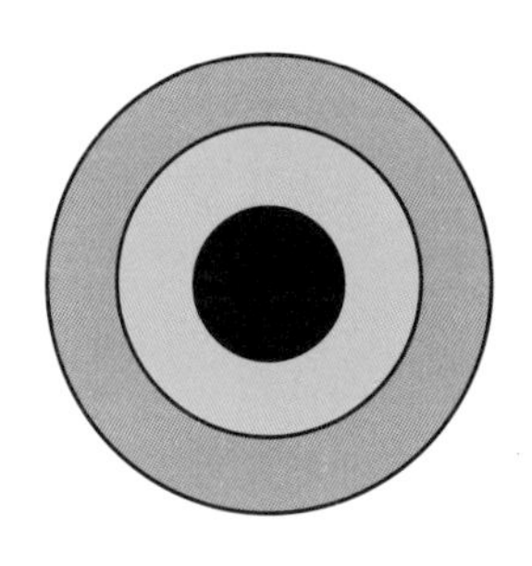

其中小圆、中圆和大圆半径分别是1分米、2分米和3分米，试求射中各个区域的概率。假设所有的箭都会命中三个区域中的一个，不会脱靶。

怎么求呢？

先求出每个区域的面积，π 取3.14。小圆的面积是多少呢？

圆的面积公式是 π × 半径 × 半径，所以小圆面积就是3.14 × 1 × 1 = 3.14（平方分米）。

中间橙色区域的面积呢？

中圆的半径是2分米，所以面积是$3.14 \times 2 \times 2 = 12.56$（平方分米）。

再想一下，是不是漏掉了什么呢？

柯马，这样只求圆的面积好像不行呢。中间橙色区域是一个圆环，它的面积应该是半径为2分米的中圆面积减去半径为1分米的小圆面积。

没错，床怪说得对。

那么中间橙色区域的面积就是$3.14 \times 2 \times 2 - 3.14 \times 1 \times 1 = 9.42$（平方分米）。

真棒呀，柯马。最外圈灰色区域的面积又是多少呢？

用半径为3分米的大圆面积减去半径为2分米的中圆面积，就可以求出最外圈灰色区域的面积了，是$3.14 \times 3 \times 3 - 3.14 \times 2 \times 2 = 15.7$（平方分米）。

接下来，用每个区域的面积除以总面积就是箭命中该区域的概率啦。箭靶的总面积与大圆的面积相同，是$3.14 \times 3 \times 3 = 28.26$（平方分米）。具体的概率计算如下：

$$\text{命中小圆的概率} = \frac{3.14}{28.26} = \frac{1}{9}$$

$$\text{命中中间圆环的概率} = \frac{9.42}{28.26} = \frac{3}{9} = \frac{1}{3}$$

$$命中外圈圆环的概率 = \frac{15.7}{28.26} = \frac{5}{9}$$

箭命中正中小圆的概率最小。

所以通常来说，箭命中靶心的得分最高。

概念整理自测题

1. 掷一颗骰子时出现奇数的概率是多少？

2. 从写有1到10的十张数字卡片中抽取一张，抽到3的倍数或偶数的概率是多少？

3. 同时掷两颗骰子，掷出同一点数的概率是多少？

※自测题答案参考117页。

猜对选择题的概率

现有三道选择题，每道题目都有4个选项，其中1个是正确答案。下面我们不做题，直接猜一下它们的答案吧。

对每道题来说，猜对的概率是$\frac{1}{4}$，猜错的概率是$\frac{3}{4}$。

现在计算一下三道题全猜对的概率吧。三道题全猜对的概率指的是第一题猜对、第二题猜对，并且第三题也猜对的概率。猜对每道题的概率是$\frac{1}{4}$，那么同时猜对第一题、第二题和第三题的概率是$\frac{1}{4}\times\frac{1}{4}\times\frac{1}{4}=\frac{1}{64}$。

那再来计算一下三道题中只猜对一道题的概率是多少吧。只猜对一道题有如下3种情况：

猜对第一题、猜错第二题、猜错第三题，
猜错第一题、猜对第二题、猜错第三题，
猜错第一题、猜错第二题、猜对第三题。

猜对第一题、猜错第二题、猜错第三题的概率是

$$\frac{1}{4} \times \frac{3}{4} \times \frac{3}{4} = \frac{9}{64}$$

猜错第一题、猜对第二题、猜错第三题的概率是

$$\frac{3}{4} \times \frac{1}{4} \times \frac{3}{4} = \frac{9}{64}$$

猜错第一题、猜错第二题、猜对第三题的概率是

$$\frac{3}{4} \times \frac{3}{4} \times \frac{1}{4} = \frac{9}{64}$$

所以三道题中只猜对一道题的概率是

$$\frac{9}{64} + \frac{9}{64} + \frac{9}{64} = \frac{27}{64}$$

专题 5

概率与熵

本专题将通过生活中的常见现象来讲解熵的概念，例如屁的气味扩散、一滴墨水扩散让整杯水变黑、把苍蝇关起来最后却分散在两个隔间、柯马的房间从整洁变得脏乱等。还会分析滚珠游戏是否公平，并用概率来解决实际问题，如计算比赛中获胜的概率。让我们一起来感受生活中无处不在的数学吧。

玻尔兹曼
墨水
滴落
墨水
又失误了……咦？
!!
慢慢扩散……
一滴墨水就让水变黑了，它的原理是什么呢？
第二天
丁零——
!?
哎呀！
噗！
啊，这个味儿！
天哪！好丢人！
沙沙
屁的气味瞬间充满了整间屋子，原因是什么呢？
嗯……

我走了！
转身
噢，这味儿……
嗯……
玻尔兹曼的家
吱嘎
嗡嗡
嗡嗡
这些讨厌的苍蝇，得把它们全关起来。
箱子
嗡嗡
拿走
嗡嗡
嗡嗡
就是这样！苍蝇会向空着的地方移动！
过了一会儿
嗡嗡
嗡嗡
原来大自然更偏爱无序呀！

无序的程度

熵的发现

数学漫画中屁的气味扩散、苍蝇向空着的地方移动，与概率有什么关系呢？

我现在就来解释一下。比如，现在有4只苍蝇，我们将它们分别标记为A、B、C、D。当有隔板时，4只苍蝇不能飞到左边的空间，都待在右边的空间。

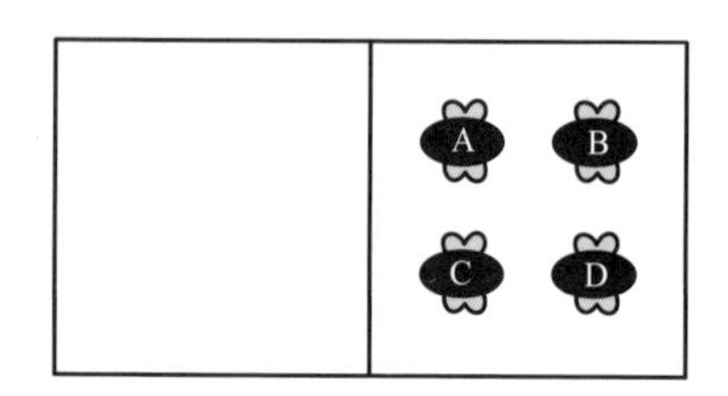

现在，我们拿走隔板，可能会出现以下情况。

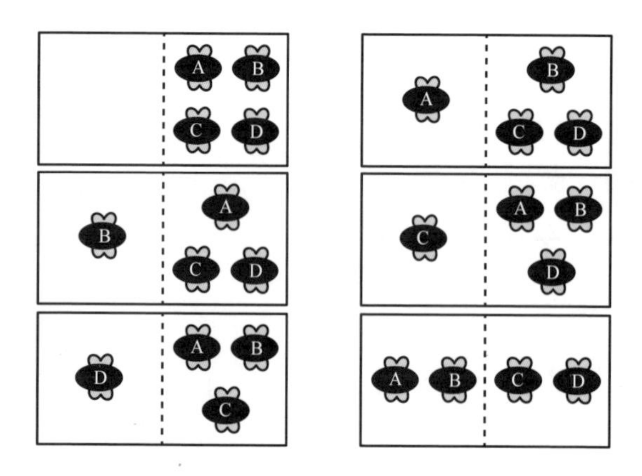

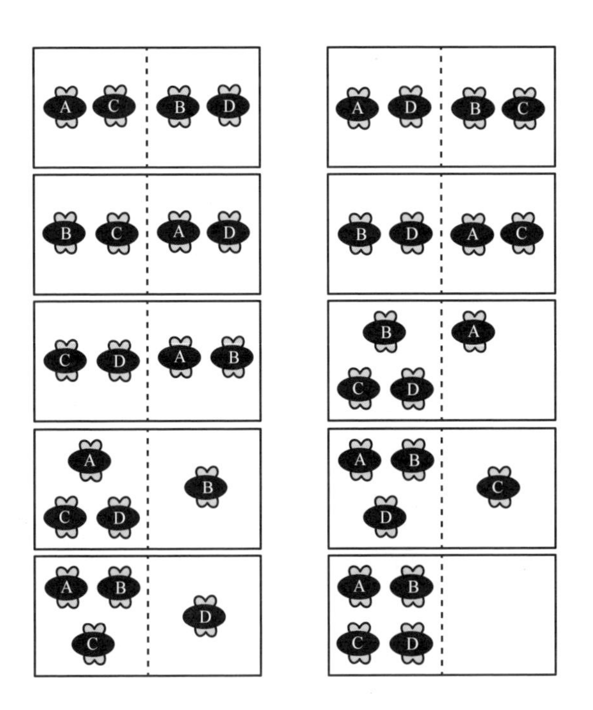

一共有几种情况呢？

数一数就行了，一共有16种情况。

好，现在按照左边空间的苍蝇数量进行分类。左边空间的苍蝇数量可能是0只、1只、2只、3只、4只，一共会出现5种情况。左边空间有0只苍蝇的情况有几种？

1种。

左边空间有1只苍蝇的情况有几种呢？

4种。

左边空间有2只苍蝇的情况有几种呢?

嗯，一共有6种。

左边空间有3只苍蝇的情况有几种呢?

一共有4种。

左边空间有4只苍蝇的情况有几种呢?

只有1种。

这些情况可以用概率表示：

$$\text{左边空间有0只苍蝇的概率}=\frac{1}{16}$$

$$\text{左边空间有1只苍蝇的概率}=\frac{4}{16}$$

$$\text{左边空间有2只苍蝇的概率}=\frac{6}{16}$$

$$\text{左边空间有3只苍蝇的概率}=\frac{4}{16}$$

$$\text{左边空间有4只苍蝇的概率}=\frac{1}{16}$$

左边空间有2只苍蝇的概率最大呢。

没错，拿走隔板之后，两边空间有相同数量苍蝇的概率最大。科学家们把这种概率最大，“平均”“各处都一样”“没有差别”的情况认为是最无序的状态，而“熵”就是用来量度无序程度的物理量。根据玻尔兹曼的理论，自发过程中熵总是增加的（熵增）。也可以说，自发的宏观过程总是向无序度更大的方向发展。

那么当黑色的墨水滴入水中时，水变黑也是熵变大的过程吗？

当然啦，黑色墨水只停留在原处的概率很小，均匀扩散的概率最大，所以黑色墨水均匀扩散，水整体呈黑色，这时熵变得最大。

那么得赶紧去柯马的房间，把他房间的熵变大。

床怪！快帮我把房间的熵变小，我最讨厌房间脏乱了！

你是说把物品放回它们原来的位置吗？

汗蒸房
想要开业就一炮打响，举办什么样的活动比较好呢？
老板 罗成功
玩个游戏比较好，这样参与的人才能体会到乐趣。
公司职员 活动策划专员
汗蒸房 大酬宾！
从1到45中选择一个自己喜欢的数字，写在分发的纸上。我们将通过抽签和玩游戏的方式送出礼物！
这真不错！
汗蒸房
熙熙攘攘
拥挤
来！现在我们将抽取今天的幸运号码，抽中的人可以参加游戏！
是我！
32号！
是我！
好了！今天这五位客人有机会获得最新款的电视。五位请出列！

站好——
加油！
我来说一下游戏规则。每人从A、B、C、D、E中选一个字母，珠子落到谁选择的字母上，谁就能获得礼物！
A B C D E
如何从A、B、C、D、E中选呢？
在每个节点上，珠子向左边和向右边滚动的概率都是$\frac{1}{2}$，所以不论选择哪个字母都是一样的。
好了！现在开始滚珠子了！
这个游戏真的公平吗？
正如刚才所说的那样，游戏是公平的。和掷骰子一样，骰子出现每个点数的概率都是$\frac{1}{6}$，而珠子落在每个字母上的概率也都是$\frac{1}{5}$。
嗯……
嗖——
骨碌碌——
我妈妈赢啦！
嘭！
C D E
我觉得这个游戏好像有问题。如果珠子落到每个字母上的概率不同的话，这个游戏就是不公平的。
好羡慕啊——

滚珠游戏到底是否公平呢？

概率的应用

汗蒸房开业活动中的滚珠游戏真的公平吗？

在我看来，好像是公平的呢。

真的是这样吗？我们来算一下珠子放进去之后，掉落到每个字母上的概率吧。珠子从入口进入后，会遇到两条路，我来画一幅简图。

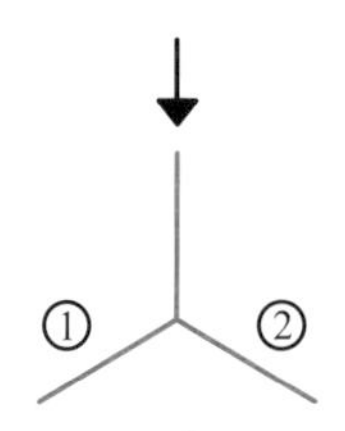

珠子按照箭头的方向进去后，会遇到第一个岔路口。这时珠子可走的路有左边的①号路和右边的②号路，一共有两种情况。珠子进入①号路的概率是多少？

是$\frac{1}{2}$。

那珠子进入②号路的概率呢？

也是$\frac{1}{2}$。

珠子进入左边和右边的概率相同，所以目前是公平的。

 好，接着看下一步。

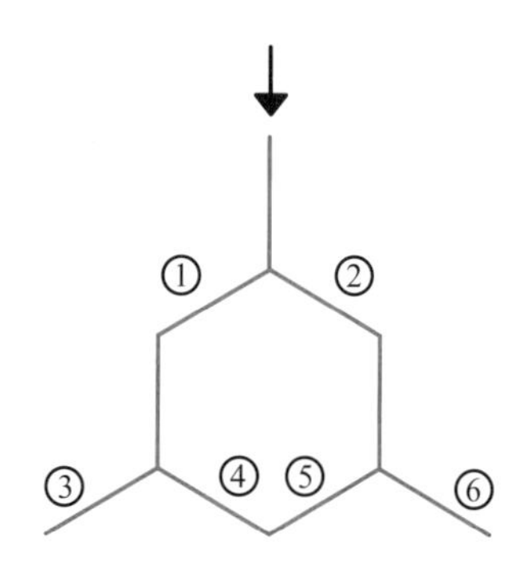

珠子在第一个岔路口进入左边的①号路后落下来，在新的岔路口进入左边③号路的概率和进入右边④号路的概率都是$\frac{1}{2}$；同理，珠子在第一个岔路口进入右边的②号路后落下来，进入左边⑤号路和进入右边⑥号路的概率也都是$\frac{1}{2}$。所以进入①号路后，又进入③号路的概率是$\frac{1}{2}\times\frac{1}{2}=\frac{1}{4}$。所有情况整理如下：

珠子进入③号路的概率 $=\frac{1}{2}\times\frac{1}{2}=\frac{1}{4}$

珠子进入④号路的概率 $=\frac{1}{2}\times\frac{1}{2}=\frac{1}{4}$

珠子进入⑤号路的概率 $=\frac{1}{2}\times\frac{1}{2}=\frac{1}{4}$

珠子进入⑥号路的概率 $=\frac{1}{2}\times\frac{1}{2}=\frac{1}{4}$

继续看下一步吧。

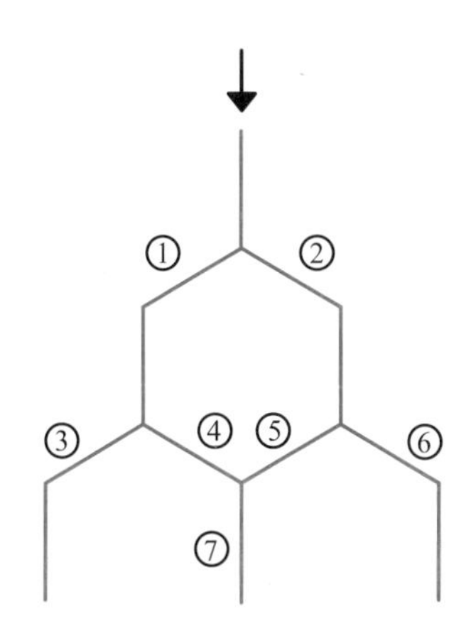

先考虑进入⑦号路的情况。珠子如果先进入①号路，再经过④号路就可以进入⑦号路；如果先进入②号路，再经过⑤号路也可以进入⑦号路。所以珠子进入⑦号路的概率是$\frac{1}{4}+\frac{1}{4}=\frac{2}{4}=\frac{1}{2}$。以下是珠子进入⑦号路和进入③号、⑥号路概率的对比：

珠子进入③号路的概率 $=\frac{1}{4}$

珠子进入⑦号路的概率 $=\frac{1}{4}+\frac{1}{4}=\frac{1}{2}$

珠子进入⑥号路的概率 $=\frac{1}{4}$

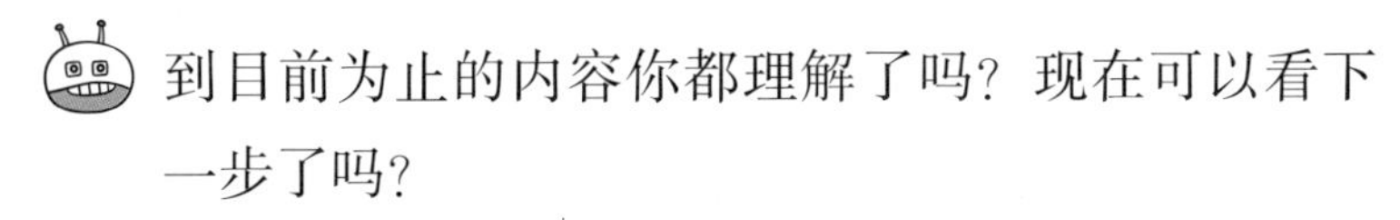

到目前为止的内容你都理解了吗？现在可以看下一步了吗？

稍等！变得好复杂啊……珠子进入⑦号路的概率

变得不同了，我需要梳理一下。

一起梳理一下吧。珠子在第一个岔路口可能进入①号路或②号路。进入①号路的珠子在下一个岔路口可能进入③号路或④号路。进入②号路的珠子在下一个岔路可能进入⑤号路或⑥号路。

进入④号路或⑤号路的珠子只能进入⑦号路呀。

是的。我们已经分别计算过珠子进入③号、⑦号、⑥号路的概率了。现在我们继续往下计算。

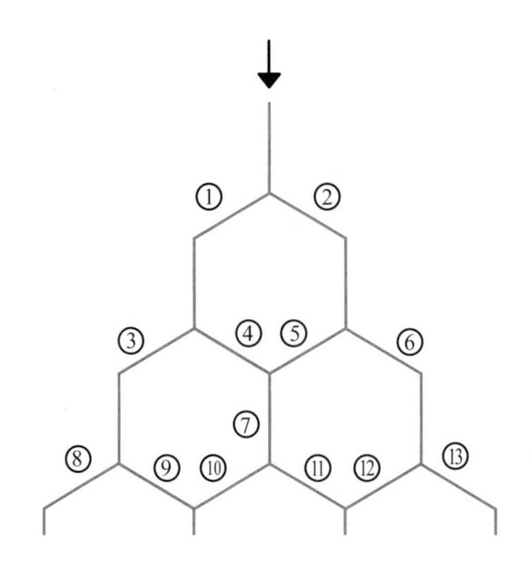

接下来，珠子可能进入的是⑧～⑬号路，对吧？珠子进入各条路的概率如下：

珠子进入⑧号路的概率 $=\frac{1}{4}\times\frac{1}{2}=\frac{1}{8}$

珠子进入⑨号路的概率 $=\frac{1}{4}\times\frac{1}{2}=\frac{1}{8}$

$$珠子进入⑩号路的概率 = \frac{1}{2} \times \frac{1}{2} = \frac{1}{4}$$

$$珠子进入⑪号路的概率 = \frac{1}{2} \times \frac{1}{2} = \frac{1}{4}$$

$$珠子进入⑫号路的概率 = \frac{1}{4} \times \frac{1}{2} = \frac{1}{8}$$

$$珠子进入⑬号路的概率 = \frac{1}{4} \times \frac{1}{2} = \frac{1}{8}$$

现在快结束了，来看一下最后一步吧。

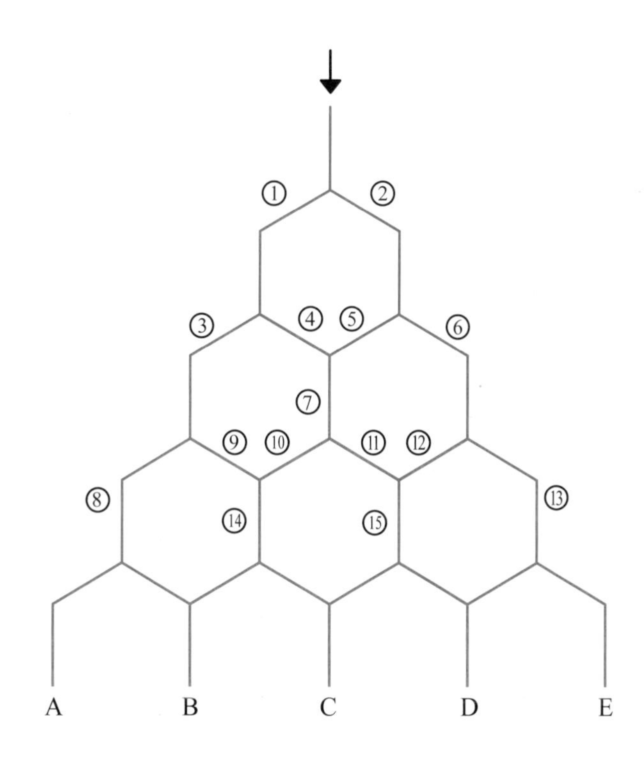

这时，珠子进入⑭号路的概率是珠子进入⑨号路的概率与珠子进入⑩号路的概率之和，珠子进入

⑮号路的概率是珠子进入⑪号路的概率与珠子进入⑫号路的概率之和。以下为珠子进入⑭号、⑮号路的概率：

珠子进入⑭号路的概率 $=\frac{1}{8}+\frac{1}{4}=\frac{3}{8}$

珠子进入⑮号路的概率 $=\frac{1}{4}+\frac{1}{8}=\frac{3}{8}$

下面用同样的方法计算珠子落入A、B、C、D、E的概率。

珠子落入A的概率 $=\frac{1}{8}\times\frac{1}{2}=\frac{1}{16}$

珠子落入B的概率 $=\frac{1}{8}\times\frac{1}{2}+\frac{3}{8}\times\frac{1}{2}=\frac{4}{16}=\frac{1}{4}$

珠子落入C的概率 $=\frac{3}{8}\times\frac{1}{2}+\frac{3}{8}\times\frac{1}{2}=\frac{6}{16}=\frac{3}{8}$

珠子落入D的概率 $=\frac{3}{8}\times\frac{1}{2}+\frac{1}{8}\times\frac{1}{2}=\frac{4}{16}=\frac{1}{4}$

珠子落入E的概率 $=\frac{1}{8}\times\frac{1}{2}=\frac{1}{16}$

哇！珠子落入C的概率最高呢。

是啊，我本来觉得珠子落入A、B、C、D、E的概率都是一样的。现在回头看看还是觉得很神奇。我们不会算错了吧？

我们没有算错。这个游戏对选C的人是有利的。这是一个不公平的游戏。

原来如此啊。

概念整理自测题

1. 掷两颗骰子，它们的点数之和为3的概率是多少？

2. 同时抛三枚硬币，都出现正面的概率是多少？

3. 口袋里有四颗红色的珠子和三颗白色的珠子，现在从口袋里取出一颗，取出的珠子是白色的概率是多少？

※ 自测题答案参考118页。

比赛中获胜的概率

假设A队和B队比赛，首先赢得4场比赛的队伍获胜。目前，A队赢了2场，B队赢了1场，计算在这种情况下A队获胜的概率。因为A队2胜1败，所以在B队再赢3场之前，只要A队再赢2场，A队就能获胜。下面是在剩下的比赛中A队再赢2场的情况（○表示赢，× 表示输）。

○○

×○○

○×○

××○○

×○×○

○××○

将以上所有情况的概率加起来就是A队获胜的概率。下面是每种情况的概率：

○○ ⟶ 概率 $=\frac{1}{2}\times\frac{1}{2}=\frac{1}{4}$

×○○ ⟶ 概率 $=\frac{1}{2}\times\frac{1}{2}\times\frac{1}{2}=\frac{1}{8}$

○×○ ⟶ 概率 $=\frac{1}{2}\times\frac{1}{2}\times\frac{1}{2}=\frac{1}{8}$

$$\times\times\bigcirc\bigcirc \longrightarrow 概率=\frac{1}{2}\times\frac{1}{2}\times\frac{1}{2}\times\frac{1}{2}=\frac{1}{16}$$

$$\times\bigcirc\times\bigcirc \longrightarrow 概率=\frac{1}{2}\times\frac{1}{2}\times\frac{1}{2}\times\frac{1}{2}=\frac{1}{16}$$

$$\bigcirc\times\times\bigcirc \longrightarrow 概率=\frac{1}{2}\times\frac{1}{2}\times\frac{1}{2}\times\frac{1}{2}=\frac{1}{16}$$

将所有的概率加起来等于$\frac{11}{16}$，所以A队获胜的概率是$\frac{11}{16}$。这就是概率计算中的分类加法计数原理：

完成一件事可以有n类办法。在第1类办法中有m_1种方法，在第2类办法中有m_2种方法……在第n类办法中有m_n种方法，那么完成这件事共有$m_1+m_2+\cdots+m_n$种方法。

分类加法计数原理也叫作“加法原理”。

扫一扫前勒口二维码，立即观看郑教授的视频课吧！

专题 6

棒球和概率

本专题将为大家介绍棒球这项运动中涉及的概率问题。棒球是所有体育运动中使用概率最多的项目之一，其中击球率描述了击球手打出安打（棒球术语，指在没有失误的情况下，击球手把投手投出来的球，击出到界内，并至少能安全上到一垒）的概率。最后的视频课中讲解了在剪刀石头布游戏中获胜的概率，希望大家能愉快地学习本专题的内容。

潜力之星队
万年倒数第一啊……
唉……
这次估计也是倒数第一呀……
大家好，我是潜力之星队的新教练罗秀儿。
数学博士
我来分析一下潜力之星队的问题出在哪里。
嗯……
又被双杀出局了！
出局！
呼
出局！
呼
3号、4号、5号、6号击球手虽然是本垒打击球手，但体重竟然分别是110千克、120千克、130千克、100千克，这样打棒球可不行。
打出安打也出局，这不是棒球！
3号、4号、5号、6号选手将转会到其他队伍。
3号、4号、5号、6号击球手在这个赛季中打出了100个全垒打。其中3号和6号击球手每人打了20个，4号和5号击球手每人打了30个。让全垒打击球手都离队的话，还怎么获胜？
潜力之星队粉丝团
潜力之星队
潜力之星队

我坚持自己的意见，
新加入的选手都比较
瘦，还擅长盗垒。

罗快跑
击球率0.285
盗垒28次

全到垒
击球率0.312
盗垒22次

马奔跑
击球率0.284
盗垒40次

李嗖嗖
击球率0.307
盗垒36次

职业棒球赛季开幕
第一场
上年度总冠军
VS
潜力之星队
战无不胜队
嗖！
罗快跑
全到垒
嗖
快跑
干什么呢？！
对方投手
马奔跑
啊！
满垒！

真是的！
扔掉
奔跑
李嗖嗖
嗖
满垒！
安全进垒！
本垒
一次本垒打都没有，13：0！
潜力之星队
13
战无不胜队
0
潜力之星队
12
天空王者队
1
潜力之星队
10
虎虎生威队
3
潜力之星队
15
独占鳌头队
0
谁才是真正的潜力之星！
124胜20败，刷新获胜记录！
决赛
潜力之星队
VS
战无不胜队
8局初
啊！
哇！
全垒打！
崔长打
战无不胜队
潜力之星队
0
战无不胜队
1
9局下，潜力之星队最后一次进攻！

战无不胜队换上了今年最厉害的先发投手李佩拉！
哇！
厉害！
李佩拉投手在这个赛季责任失分为0，这意味着他一次都没有因为自己的失误丢过分。战无不胜队胜利在望呀。
啊啊
王萨里代替李嗖嗖上场
好的！
潜力之星队
潜力之星队换上了王萨里呀，将有优秀击球率的李嗖嗖换了下去，很难理解这个决定啊。
不好说，罗秀儿教练应该有自己的考量吧。
11:00
1 2 3 4 5 6 7 8 9 R H E B
战无不胜队 0 0 0 0 0 0 0 1 0 1 4 0 2
潜力之星队 0 0 0 0 0 0 0 0 1 0 0
B
S
O
嘿！
嗖
以安打结束！
哐！
潜力之星队自成立以来首次获得冠军！
太棒了！

体育运动中常用到概率的项目

棒球和概率

棒球真是一项有趣的运动！

我不太了解棒球的规则，你能给我说说吗？

简单来说，棒球就是一项由两支队伍在一个扇形的棒球场上进行攻击与守备的运动。两支队伍分为攻方与守方，攻方球员利用球棒将守方球员投掷的球击出，随后以逆时针方向沿着四个垒位进行跑垒，当成功回到本垒时就可得1分；而守方球员则利用手套将攻方球员击出的球接住或通过传球将攻方球员封杀或触杀出局。比赛中，两队轮流攻守，比赛结束后，得分较高的一队胜出。

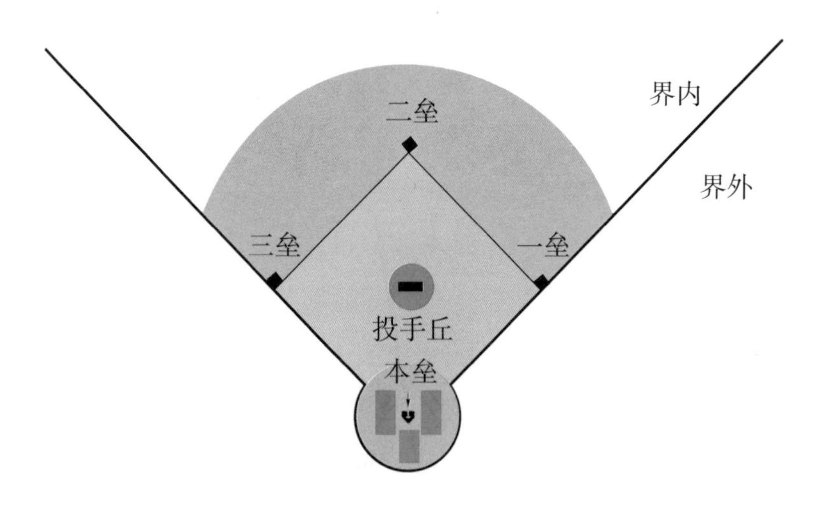

真是很有意思呢！

没错，棒球是体育运动中最常用到概率的项目之一。

在棒球中应用概率吗？

当然啦！在棒球比赛中，表示击球手安打能力的击球率就和概率有关。

安打就是说在没有失误的情况下，击球手把投手投出来的球，击出到界内，并至少能安全上到一垒。

击球率就是一种概率吗？

对！击球率是指击球手打出安打的概率。比如，某个击球手的击球率是0.345。

再给你介绍一个棒球术语，击球手每上场一次就称为一次打席。

如果选手在4次打席中打出2次安打，那么安打的概率就是$\frac{2}{4}$，击球率也是$\frac{2}{4}$吗？

并非如此。击球手完成常规击球的次数叫作打数。当所有击球数为打数时，打出安打的概率才是击球率。

我不太理解打席数和打数的区别。

击球手没能完成常规击球的情况，计入打席数，但不计入打数。

举一个简单的例子。A和B两名选手在比赛中分别有5次打席，取得以下结果。

A选手
1次打席：常规击球，一垒安打
2次打席：常规击球，未实现安打
3次打席：常规击球，全垒打
4次打席：常规击球，未实现安打
5次打席：常规击球，三垒安打

B选手
1次打席：未完成常规击球
2次打席：常规击球，三垒安打
3次打席：常规击球，未实现安打
4次打席：未完成常规击球
5次打席：常规击球，全垒打

哪名选手的击球率更高呢?

全垒打也是安打吧?

当然啦。

A选手打出3次安打，B选手打出2次安打，所以A选手的击球率更高。

你好像把打数和打席数弄混了。A选手的打席数和打数是一样的，都是5。其中打出了3次安打，击球率是$\frac{3}{5}$，如果用小数来表示就是0.6。

下面计算一下B选手的击球率吧。

B选手有两次未完成常规击球，所以虽然打席数还是5，但打数是$5-2=3$。他打出了2次安打，所以击球率是$\frac{2}{3}$，用小数表示就是0.666 66…。

在棒球比赛中，击球率一般作四舍五入，保留小数点后三位，0.666 66…就变成了0.667。

这样通过计算可以发现，打席数相同时，即使安打数少，也会出现击球率更高的情况。

是这样的。所以击球率高的击球手，也有可能是有很多未能完成常规击球的情况。

在棒球中，还有什么地方使用了概率呢？

盗垒成功率也是一种概率。如果盗垒，有可能出局，也有可能安全进垒。在盗垒时安全进垒的概率，就叫作盗垒成功率。

在数学漫画中，罗秀儿教练换下了4名全垒打击球手，让不擅长全垒打的选手上场，最后是怎么获得冠军的呢？

罗秀儿教练运用了概率。棒球比赛出分多时，可以得到20分以上，而不出分时可能到第9局都没分。实际上，在棒球比赛中，若双方都没有失误，而所有的安打都只能进一垒的话，是很难得分的。

这是为什么呢？

这是因为选手的平均击球率都不是很高。实际上，击球率在0.3以上的击球手就算是非常厉害了。击球率为0.3意味着要在10次打数中打出3次安打。如果1次安打可以安全进一垒的话，4名击球手连续打出安打就可以获得1分。

4名击球手连续打出安打的概率是$0.3 \times 0.3 \times 0.3 \times 0.3 = 0.008\ 1$，这个概率非常小，但当双方有失误，或1次一垒安打的跑垒者跑到三垒，或出现二垒安打和三垒安打时，情况就不同了。有时1次安打都没有，仅凭对方的投球失误也可以得分，或只有1次安打也可以得分。因此，罗秀儿教练大量启用虽不能完成全垒打，但是很擅长打二垒安打和三垒安打的选手，并且这些选手从一垒到二垒的盗垒表现也很出色，让整个队伍都活跃起来了。这种战术称为棒球中的“小球战术”，用这种战术可以提升队伍的成绩。

我还有个地方不理解，就是在数学漫画中，为什么罗秀儿教练把击球率优秀的李嗖嗖换下来，把王萨里安排到击球区呢？当时这个球非常重要，为什么要把优秀的选手换下来呢？

对呀，我也觉得很奇怪。击球率高的选手安打的概率更大啊。

这也是棒球中利用概率的一个例子。如果击球率高的话，打出安打的概率也大。但是击球手在一个赛季中，会与对方的很多投手进行对决。在9局下两人出局的最后机会中，比起整体的击球率，与对方当前投手对决时击球率高的击球手更有优势。罗秀儿教练就是利用了这一点。

原来王萨里选手对李佩拉投手时的击球率比较高啊。

没错，查阅资料可知，王萨里选手对李佩拉投手的击球率是0.35，而李嗖嗖选手对李佩拉投手的击球率是0.121。正是因为在李佩拉选手投球时，王萨里选手打出安打的概率更大，所以罗秀儿教练把王萨里选手安排到击球区。

哇！真是一场因概率而取得的胜利。

概念整理自测题

1. 一名棒球选手的5次打席中，每次都完成了常规击球，共打出4次安打，请计算他的击球率。

2. 有一名选手尝试了12次盗垒，其中4次成功了，这名选手的盗垒成功率是多少？

3. 四名击球手打出安打的概率都是0.2，那么他们连续打出安打的概率是多少？

※ 自测题答案参考119页。

概念巩固

在石头剪刀布游戏中获胜的概率

A和B两人玩石头剪刀布游戏。A可能出剪刀、石头、布中的一个，共有3种情况，B也可能出剪刀、石头、布中的一个，也有3种情况。所以，所有可能出现的情况有$3 \times 3 = 9$（种）。

把所有的情况在表格中列出。

两人玩石头剪刀布游戏的所有情况

A	B	结　果
剪刀	剪刀	打平
剪刀	石头	B赢
剪刀	布	A赢
石头	剪刀	A赢
石头	石头	打平
石头	布	B赢
布	剪刀	B赢
布	石头	A赢
布	布	打平

A赢的情况有3种，所以A获胜的概率是$\frac{3}{9}=\frac{1}{3}$。B赢的情况也有3种，所以B获胜的概率也是$\frac{3}{9}=\frac{1}{3}$。在石头剪刀布游戏中，两人获胜的概率相同，所以这是一个公平的游戏。

专题 总结

附 录

|数学家的来信|

帕斯卡

（Blaise Pascal）

我是法国的数学家、物理学家、哲学家和散文家帕斯卡。1623年6月19日，我出生在法国克莱蒙费朗。我从小喜欢数学，12岁时就独自发现了三角形的内角和是180°，并在父亲的引导下学习了欧几里得的《几何原本》。13岁时，我发现了著名的帕斯卡三角形，中国古代数学家贾宪在1050年前后就给出了类似的数表，这一成果在南宋数学家杨辉所著的《详解九章算术》中得到摘录，因此这一数表在中国也称为“贾宪三角”或“杨辉三角”。寻找隐藏在帕斯卡三角形中的各种规律会很有趣。帕斯卡三角形每一行的两端都是1，中间的数字都是上一行其左右两边的两个数字之和。

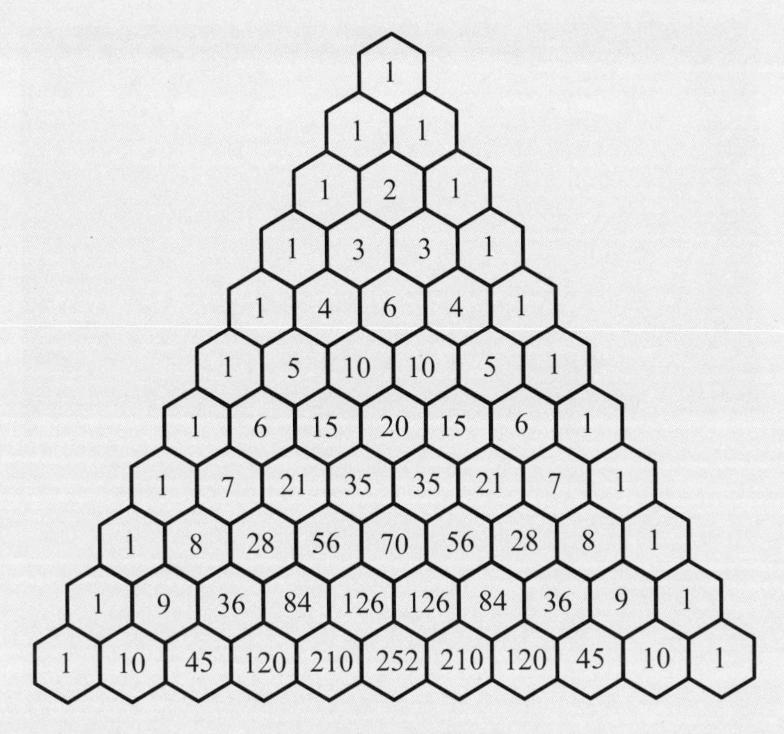

帕斯卡三角形

我16岁时就开始参加巴黎数学家和物理学家小组的学术活动。不到20岁时，我就发明了一个利用齿轮快速计算的机械装置，后来人们称它为帕斯卡加法器。发明这个装置的目的之一是帮助我的父亲减轻工作负担。他在工作中需要反复手工计算税金，这项工作枯燥繁冗，而我父亲凡事都亲力亲为，很是辛苦。有了加法器，父亲就不必再反复手工计算了。这个加法器的外形像一个箱子，上方有若干个数字板排成一列，下方各对应一个齿轮，每个齿轮有10个齿。转动齿轮，

帕斯卡加法器

数字板会随之转动并自动完成计算。

在物理学方面，我在意大利物理学家托里拆利对大气压的研究基础上，对液体压强进行了研究。我曾经做了个实验，在装满水的密闭木桶上，插上一根细长的管子，然后从楼上的阳台向管子里灌水，只用了几杯水，就把木桶撑破了。

1654年，为了帮助一个热衷博弈问题的朋友，我和数学家费马通信讨论，用排列组合的方法解决了问题，奠定了近代概率论的基础。我们也成了概率论的创立者。

随后，我开始研究神学。这时的我饱受病痛的折磨，睡不好觉，每天都很痛苦，最终于1662年8月19日，在39岁时离开人世。

我写的《思想录》基于我的宗教信仰，讲述了人类理性的局限和人类的不完整性。该书在我离世之后的第7年，即1669年出版。你们可能听过“人是一根会思考的芦苇”这句话，它就是我在这本书中所写的。准确地说，原话是这样的——“人只不过是一根芦苇，是自然界最脆弱的东西，但他是一根会思考的芦苇”。

总之，这就是我：帕斯卡，法国数学家、物理学家、哲学家和散文家，活跃于多个领域，英年早逝；曾说过“人是一根会思考的芦苇”，指出人的伟大在于思考；人们用我的名字命名了压强的单位——帕斯卡，简称“帕”；还有，我发明了帕斯卡加法器。

遇见你们很开心，希望大家都能勤于思考，乐于生活。

|论文|

关于阶乘符号的研究

林卡曼，2024年（斯特拉斯堡中学）

摘要

本文论述了一个全新的运算符号——阶乘，并对其有趣的性质进行了研究。

1. 绪论

在数学中，运算符号很重要。我们把“三加二等于五”用数学符号记作“3 + 2 = 5”。“+”和“−”的来历众说纷纭，有一种相对可靠的说法是：1498年，数学家威德曼首次在印刷的书中使用了“+”和“−”符号，用于表示盈余和赤字，后经其他数学家的运用和推广后，作为代数运算符号使用至今。1631年，数学家奥特雷德首次使用乘法符号“×”。1659年，数学家拉恩首次使用除法符号“÷”。此外，1557年，数学家雷科德首次使用等号“=”。正是有了这些符号，我们才能简便地表示四则运算。

本文论述了有助于计算排列组合的新的运算符号，并对其性质进行讨论。

2. 阶乘符号

将3个数排成一列，有3×2×1 = 6（种）情况；把4个数排成一列，有4×3×2×1 = 24（种）情况；把5个数排成一列，有5×4×3×2×1 = 120（种）情况。1808年，数学家基斯顿·卡曼引入了新符号“！”。

$$5! = 5\times4\times3\times2\times1$$

“5！”读作“5的阶乘”。5的阶乘的定义是从5开始依次乘到1。下面是关于正整数n的阶乘的定义：

$$n! = n\times(n-1)\times(n-2)\times\cdots\times1$$

将n依次代入1，2，3，4，5后的结果如下：

$$1! = 1$$
$$2! = 2\times1$$
$$3! = 3\times2\times1$$
$$4! = 4\times3\times2\times1$$
$$5! = 5\times4\times3\times2\times1$$

规定，$0! = 1$。

3. 阶乘的性质

某个数的阶乘的定义就是从这个数开始依次乘比它小1的数，一直到乘1。比如，5的阶乘就是从5开始依次乘4，3，2，1。由于4，3，2，1的乘积是4的阶乘，因此5的阶乘是5和4的阶乘的乘积。所以，某个数的阶乘就是这个数与比这个数小1的数的阶乘的乘积。用以下公式表示：

$$n! = n \times (n-1)!$$

接下来，把2，3，4，5分别代入上述公式中的n，结果如下：

$$2! = 2 \times 1!$$

$$3! = 3 \times 2!$$

$$4! = 4 \times 3!$$

$$5! = 5 \times 4!$$

4. 选取部分数进行有序排列

从4个数中选出2个数进行有序排列有4×3种情况。用以下式子表示：

$$4 \times 3 = \frac{4 \times 3 \times 2 \times 1}{2 \times 1}$$

观察这个式子，我们发现分子是4的阶乘，分母是2的阶乘，所以从4个数中选出2个数进行有序排列有$\frac{4!}{2!}$种情况。一般情况下，从n个数中选出m个数进

行有序排列的情况种数是

$$\frac{n!}{(n-m)!}$$

5. 结论

本文介绍了阶乘符号，以及它的定义。我利用这个符号来表示某些数有序排列的情况种数，还研究了阶乘的其他有趣性质。

专题1　概念整理自测题答案

1. 9种。

提示：$3 \times 3 = 9$（种）。

2. 120个。

提示：$6 \times 5 \times 4 = 120$（个）。

3. 5种。

提示：1～8中的偶数或是3的倍数的有2，3，4，6，8；一共5种情况。

专题2　概念整理自测题答案

1. 10个。

提示：$(5\times4\times3\times2\times1)\div(3\times2\times1)\div(2\times1)=10$（个）。

2. 6条。

提示：$(4\times3\times2\times1)\div(2\times1)\div(2\times1)=6$（条）。

3. 10种。

提示：$(5\times4\times3)\div(3\times2\times1)=10$（种）。

专题3　概念整理自测题答案

1. 8个。

提示：$2\times2\times2=8$（个）。

2. 8种。

提示：设2名候选人分别是a、b，3位选民分别是A、B、C。

选民A能投出的所有结果有a、b两种情况。

选民B能投出的所有结果有a、b两种情况。

选民C能投出的所有结果有a、b两种情况。

所以结果有$2\times2\times2=8$（种）情况。

3. 2个。

提示：能组成的两位数只有10和11，所以一共有2个。

专题4 概念整理自测题答案

1. $\frac{1}{2}$。

提示：骰子中的奇数是1，3，5，所以出现奇数点数的概率是$\frac{3}{6}=\frac{1}{2}$。

2. $\frac{3}{5}$。

提示：十张卡片中出现3的倍数或者偶数的情况是2，3，4，6，8，9，一共有6种，所以出现3的倍数或者偶数的概率是$\frac{6}{10}=\frac{3}{5}$。

3. $\frac{1}{6}$。

两颗骰子点数相同的情况是（1，1），（2，2），（3，3），（4，4），（5，5），（6，6），一共有6种，掷两颗骰子总共会出现的情况有$6\times6=36$（种），所以计算可得掷出同一点数的概率是$\frac{6}{36}=\frac{1}{6}$。

专题5　概念整理自测题答案

1. $\frac{1}{18}$。

提示：一颗骰子产生的点数有6种情况，当掷两颗骰子时，可能出现的情况有$6 \times 6 = 36$（种）。假设两颗骰子分别为骰子A和骰子B，其中两个点数之和为3的情况一共有两种：骰子A是1，骰子B是2；骰子A是2，骰子B是1。所以点数之和为3的概率是$\frac{2}{36} = \frac{1}{18}$。

2. $\frac{1}{8}$。

提示：当同时抛三枚硬币的时候，可能出现8种情况。三枚硬币全是正面朝上的情况有1种，所以都出现正面的概率是$\frac{1}{8}$。

3. $\frac{3}{7}$。

提示：一共有七颗珠子，其中白色珠子有三颗，所以取出白色珠子的概率是$\frac{3}{7}$。

专题6　概念整理自测题答案

1. 0.8。

2. $\frac{1}{3}$。

提示：$\frac{4}{12}=\frac{1}{3}$。

3. 0.001 6。

提示：$0.2\times0.2\times0.2\times0.2=0.001\ 6$。

术语解释

玻尔兹曼

玻尔兹曼（Ludwig Boltzman，1844—1906），奥地利理论物理学家、哲学家，在热力学和统计物理学方面有很大成就，奠定了统计力学的基础。用熵的概念表述热力学第二定律，源于玻尔兹曼对其的理解。玻尔兹曼位于维也纳的墓碑上镌刻着玻尔兹曼熵公式。

分步乘法计数原理（乘法原理）

完成一件事需要经过n个步骤，缺一不可，做第1步有m_1种不同的方法，做第2步有m_2种不同的方法……做第n步有m_n种不同的方法，那么，完成这件事共有$m_1 \times m_2 \times \cdots \times m_n$种方法。

分类加法计数原理（加法原理）

完成一件事可以有n类办法。在第1类办法中有m_1种方法，在第2类办法中有m_2种方法……在第n类办法中有m_n种方法，那么完成这件

术语解释

事共有$m_1 + m_2 + \cdots + m_n$种方法。

概率

对随机事件发生可能性大小的度量（数值）称为事件的概率。在数学上，概率不能超过1，也不能是负数。概率是1意味着该事件一定会发生，概率是0意味着该事件绝对不会发生。

击球率

在棒球中击球率是指球手打出安打的概率，用安打数除以打数得到。比如，某名选手8次打数中打出3次安打，击球率为0.375。

阶乘

叹号状的数学符号“！”叫作阶乘。阶乘符号是1808年法国数学家基斯顿·卡曼首先使用的。举个例子：n！读作“n的阶乘”，要按顺序从n乘到1。

术语解释

$3! = 3 \times 2 \times 1 = 6$

$5! = 5 \times 4 \times 3 \times 2 \times 1 = 120$

$n! = n \times (n-1) \times \cdots \times 5 \times 4 \times 3 \times 2 \times 1$

（n为正整数）

注意：$0! = 1$，这是人们事先约定的。

莫尔斯电码

莫尔斯电码（Morse code）是通过点“·”和画“—”的组合表示文字、数字和符号的代码。莫尔斯电码主要用于无线电报等。

帕斯卡

帕斯卡（Blaise Pascal，1623—1662），法国数学家、物理学家、哲学家和散文家。对数学和物理进行了许多研究，并发表了很多相关文章。在他去世后，亲友们将其遗稿整理成册，出版了《思想录》。压强指的是物体所受压力与受力面积之比，其单位是“帕斯卡”，简

术语解释

称“帕”。这一单位名称正是来源于帕斯卡的姓氏。

熵

熵是系统内分子运动无序性的量度。从概率上说，相较于概率小的状态，概率大的状态的熵更大。自发的宏观过程总是向着无序度更大或者说熵增的方向发展。目前，“熵”这个词的应用十分广泛，已经超出了物理学的范畴，在一些场合中可以使用熵在物理学中意义的延伸，用作“无序程度”的代名词，描述某些过程的发展方向。

淘汰赛

淘汰赛是在世界杯足球赛决赛阶段或者奥运会等体育比赛中常见的决出冠军的比赛方法。淘汰赛的规则是按照比赛日程，获胜方进入下一轮比赛，失败方被淘汰。一场定胜负的淘汰赛主要用于短期内决出冠军。与之相对

应的循环赛是一种较为长期的比赛形式，利用主客场赛制进行多轮比赛，按全部比赛中得分的多少决定名次。